国家社科基金艺术学重大项目（项目批准号20ZD02）：国家文化公园政策的国际比较研究

国家文化公园管理文库
GUOJIA WENHUA GONGYUAN GUANLI WENKU

长江 国家文化公园：
保护、管理与利用

邹统钎◎主编

中国旅游出版社

目　录

第一章　长江国家文化公园概况

2019 年 7 月 24 日，中共中央总书记、国家主席、中央军委主席习近平主持召开中央全面深化改革委员会会议，审议通过了《长城、大运河、长征国家文化公园建设方案》。习近平总书记指出："文物承载灿烂文明，传承历史文化，维系民族精神，是老祖宗留给我们的宝贵遗产，是加强社会主义精神文明建设的深厚滋养。保护文物功在当代、利在千秋。"2022 年 1 月 3 日，国家文化公园建设工作领导小组印发部署建设长江国家文化公园的通知①。长江国家文化公园的建设由政策逐渐走向了实际，并一步步完善。长江国家文化公园建设范围综合考虑长江干流区域和长江经济带区域，涉及上海、江苏、浙江、安徽、江西、湖北、湖南、重庆、四川、贵州、云南、西藏、青海 13 个省区市，具有很强的战略性、典型性和特色性。长江在中华文明的起源发展中发挥了极为重要的作用，是中华文明多元一体格局的标志性象征，很大程度上丰富了中华文明的文化多样性，"江河互济"构建了中华民族共有的精神家园。

一、建设长江国家文化公园的重大意义

长江地区地处东亚大陆，西部的横断山脉和青藏高原阻隔着太平洋地区的温暖潮湿的西南季风，使得这里形成了一个罕见的降雨充沛地带，这里的淡水资源非常丰富，热能也非常充足，因此长江地区是中国乃至世界上最具经济和

---

① 新华社 . 长江国家文化公园建设正式启动［DB/OL］.（2022-01-04）［2022-07-01］.https：//www.mct.gov.cn/whzx/whyw/202201/t20220104_930253.htm.

文化发展潜力的地区。

（一）建设长江国家文化公园是增强长江精神整体辨识度的需要

长江流域横跨我国东部、中部、西部三大经济区，共有 19 个省、自治区、直辖市，流域面积达 180 万平方公里，占中国全国 18.8% 的国土面积，是中国最大、世界第三大流域。长江经济带聚集了全国 40% 以上的人口，创造了超过全国 40% 的 GDP，是区域经济中心和活力所在。长江国家文化公园的建设，既能使长江的深厚历史文化资源得到充分开发，又能对长江文化进行系统阐释，深入挖掘长江文化的时代价值。

（二）建设长江国家文化公园是中华文化传承保护的需要

长江是中国最大的河流，它和黄河一样，都是中华民族的母亲河。长江在中华文明的起源和发展过程中扮演着极其重要的角色，也是中华文明多元融合的典型代表。长江与黄河一样具有重要的地位和价值，两者相辅相成，共同形成了"双联体"的中国文化基因，从而使中华文明得以延续 5000 年而不断。《黄河流域生态保护和高质量发展规划纲要》明确提出建设黄河国家文化公园。在长江和黄河同为母亲河的前提下，建立长江国家文化公园既是保护母亲河的需要，也是保护中华文明的需要。

（三）建设长江国家文化公园是坚定文化自信的需要

长江文化带的建设相对于长江经济带的建设来说是落后的。《长江经济带发展规划纲要》于 2016 年颁布，但未将长江文化建设纳入其中。实际上，对长江地区的文化遗产进行保护，对长江文化进行深层次的发掘，既可以延续其历史文脉与民族精神，又可以增强我国的公共文化产品与服务，同时也能更好地满足人们的精神文化需求。长江国家文化公园的建设，对丰富、健全国家文化公园体系、做大做好中华文化的重要标志、提高中华文化品牌的传播和影响力、将中华文明展现给世人，有着十分重要而深远的意义，因此，建设长江国家文化公园有利于我国文化的完整表述。

（四）建设长江国家文化公园是落实文化强国战略的需要

《中共中央关于制定国民经济和社会发展第十四个五年规划和二〇三五远

景目标的建议》中明确提出要"加强国家重大文化设施和文化项目建设""传承弘扬中华优秀传统文化""建设长城、大运河、长征、黄河等国家文化公园"。2022年1月3日,国家文化公园建设工作领导小组印发通知,部署启动长江国家文化公园建设。长江国家文化公园建设逐步从政策变成现实[①]。

二、长江国家文化公园的文化价值

（一）长江文物

长江国家文化公园应将长江干流地区与长江经济带地区结合起来考虑,长江地区的文物资源十分丰富。"长江文物"狭义上指长江地区的古代文物、近代文物和中国共产党成立一百多年来的革命文物;广义上,还包括历史文化名城名镇名村名街、工业遗产、农业遗产、文化景观、世界遗产及非遗为主要内容的文化生态保护区、博物馆、考古遗址等。

目前,中国境内已发现70多个古人类化石,其中长江地区就有30多个。最早的人类化石是云南的元谋人,距今大约170万年;安徽的繁昌人字洞出土了约200万年前的石器。除此之外,长江地区有建始人、郧县人、南京人等直立人,长阳人、桐梓人等早期智人,资阳人、丽江人、穿洞人等晚期智人。

截至目前,长江沿线各省（自治区、直辖市）共有全国重点文物保护单位1872处,省级文物保护单位7320处,市县级文物保护单位45252处,涉及古宫、道观、寺庙、古桥梁、古祠堂、民居、牌坊、古石刻、古塔、古代名人墓穴、古文化遗址、古窑址、革命旧址、古城墙关隘等,数量多、内涵丰富,在中国古代文明发展史上占有举足轻重的地位;有国家历史文化名城52座,省级历史文化名城78座,中国历史文化名镇160个,中国历史文化名村142个,中国传统村落2954个,划定历史文化街区571片,确定历史建筑约3万处;共有852项国家级非物质文化遗产代表性项目,1293名国家级非物质文化遗产代表性传承人,11个国家级文化生态保护（实验）区。此外,还有20多项

---

① 李后强."长江学"与长江国家文化公园建设［J］.当代县域经济,2022（3）:4.

世界遗产以及大量的农业遗产、工业遗产、文化景观类遗产、水利遗产、老字号、地名遗产、宗教遗产以及数以百万计的可移动文物，数以千计的不同类型的博物馆等。

（二）长江文化

长江地区有许多新石器时代的遗迹，这些遗迹代表着不同的文明。上游除成都平原外，东到三峡区域，西北到甘孜和阿坝、西南到安宁河和雅砻江等地，已发现了大约10个遗址，其中以巫山大溪文化为代表。长江中游湖南地区高庙文化的发掘，不但年代较早，而且具有较强的文化底蕴；其中江汉平原地区分布最为密集的古遗址，仅湖北地区就发现了450余处新石器时代遗迹，其中60余处已经被挖掘和试掘，主要分布于汉江中下游与长江中游交汇处的江汉平原。其中，下游以上山文化、河姆渡文化、马家浜文化、凌家滩文化、崧泽文化、北阴阳营文化、良渚文化等最为有名。

长江文化不单单是水域文化，它的实质是一种流域文化，它是连接长江干流、支流与水域和陆地的区域文化共同体。长江文化的历史遗迹除了在海岸线空间上比较集中之外，由于沿江和跨江城市发展形式的不同，长江文化的历史遗迹深入盆地腹地，形成了具有一定历史记忆的载体、建筑物及其景观场域，或者以非物质形式，如技艺、习俗等形式得以延续。

（三）长江国家文化公园的文化价值

1. 见证变迁，支撑发展

长江在人类长期利用自然、改造自然的过程中，形成了生态岸线、生产岸线、生活岸线等多种地理空间形式，并在人类的历史活动中铭刻着文化印记。这些文化印记，既是对长江文化的历史意义的记录和表现，也是对社会发展和文明进步的一种反映。以在四川省发现的三星堆遗址为例，经过考古发掘得出在当时便已经存在大规模的人口集中、社会财富的集中化、社会分层的复杂化以及阶级社会的形成、统治机构的专职化的现象[1]。上述的这些特征，表明当

---

① 段渝.巴蜀古代城市的起源、结构和网络体系［J］.历史研究，1993（1）：17-34.

时尚处于国家文明产生的初级阶段，有助于探讨中华统一多民族国家在各地文明起源的具体形态、进程及相互关系问题[①]。长江文化是中华文化博大精深的新见证，它展示了中华优秀传统文化、革命文化和现代社会主义文化在长江地区的宏伟系统，成为中华民族走向伟大复兴的坚实支撑力量。

2. 彰显文化，增强认同

长江作为一个具有代表性的叙述，连接了不同的岸线空间，体现了它丰富的历史和伴随时代不断发展的精神。它将美丽的生态岸线、历史的生产岸线、现代的生活岸线统合在一起，把长江沿岸的文化链条串联起来，给人们提供了更加广阔的文化阅读和身临其境的文化体验，它所呈现的不仅仅是一个静止的时空节点，而是展示空间历史的变迁、时代的进步、文明的演变的结果，它是展现中华民族的智慧、自强不息的中国精神、人与自然和谐共生的生动例子。长江恢宏的声势与旺盛的生命力将让这个世界的人们都为之向往。

3. 融入活力，践行创新

长江国家公园的文化叙述不应该是一个封闭的体系，它应该是一个多维度的、全流域的有机联系、人与自然的和谐共存的开放模式，把长江文化的生命力融入人类对美好生活的不断探索与创新的实践中。一方面，要对长江的各类物质和非物质遗产进行保护，使长江文化能够代代相传；另一方面，可以利用城市更新中的微改造方法，让以建筑和景观场域为代表的载体，在继承历史的基础上，完善内部功能，体现创意设计，表达时空变化，从而让人们借助进入这些空间，体会长江文化的历史形态与当代创意结合的成果，继而形成一种文化领域和美学空间，与都市生活相融合。

从整体上看，尊重历史、体现创意的"微改造"是长江国家文化公园历史风貌的最佳叙述方式，它把建筑本身的历史叙述与创意的时代叙事结合起来，使人们在进入历史的同时，体会到时代的创造精神，这既是对文化主体认知自觉和创新动能的一种力量激发，也是引领人们在新时代弘扬长江文化的具体实

---

① 赵殿增.三星堆考古发现与巴蜀古史研究［J］.四川文物，1992（S1）：3-12.

践中实现"创新性发展""创造性转换"的必然选择。

三、长江国家文化公园经济价值

（一）长江国家文化公园与长江经济带

1. 长江国家文化公园与长江经济带的联系

2005 年 11 月 27 日，上海、江苏、安徽、江西、湖北、湖南、重庆、四川和云南 7 省 2 市在北京签订了长江经济带合作协议。合作协议由交通运输部牵头，确定了以"龙头"上海与"龙尾"重庆合力担纲构筑长江经济带首尾呼应、联动发展的战略格局。2013 年 12 月，国家发展改革委在北京召开长江经济带建设课题汇报会，听取各省市长江经济带建设课题总报告和 6 个专题报告研究的成果。除之前确定的 7 省 2 市外，还增加了两个新面孔：浙江和贵州。长江经济带迎来正式扩围，由此前的 9 省市增加至 11 省市。2014 年 9 月，国务院印发《关于依托黄金水道推动长江经济带发展的指导意见》，部署将长江经济带建设成为具有全球影响力的内河经济带、东中西互动合作的协调发展带、沿海沿江沿边全面推进的对内对外开放带和生态文明建设的先行示范带。2016 年 9 月，《长江经济带发展规划纲要》正式印发，自此我国确立了长江经济带"一轴、两翼、三极、多点"的发展新格局。

长江国家文化公园涉及上海、江苏、浙江、安徽、江西、湖北、湖南、重庆、四川、贵州、云南、西藏、青海 13 个省区市，不仅包括了长江经济带中11 个省市，还加入了西藏和青海。由此可以看出，长江国家文化公园与长江经济带联系紧密。

2. 长江经济带助推长江国家文化公园发展

长江经济带横跨中国东中西三大区域，是国家"三大战略"中的重要组成部分，是具有全球影响力的内河经济带、东中西互动合作的协调发展带、沿海沿江沿边综合性国内外开放带、生态文明建设领先示范带。2021 年，它在全国的经济总量中所占的比例由 2015 年的 45.1% 上升到 2021 年前三季度的46.7%，对全国经济增长的贡献率从 48.5% 提高到 51.1%。与此同时，2021 年前三季度，在全国 GDP 排名前十的城市中，有 7 个城市位于长江经济带，分别为上海、重庆、苏州、成都、杭州、武汉和南京[①]。

长江国家文化公园与长江经济带这两个国家层面上的规划，它们在发展空间上有很强的重叠性，在功能上有很大的互补性，应该在发展过程中形成合力。在我国国家文化公园建设中，保护资金欠缺是制约其发展的重要因素[②]，长江国家文化公园可依托长江经济带进行资金上的补充，建立健全多种资金来源机制，让长江国家文化公园可以实现高效发展。

（二）长江国家文化公园是区域内在合作新纽带

长江国家文化公园较长江经济带新纳入西藏、青海两个省份的发展，有利于形成长江干流区域和长江经济带区域的新纽带，进而找到一条文化赋能、生态优先、绿色发展的道路，最终让中国的母亲河永远焕发出勃勃生机，让黄金水道真正发挥其应有的作用。

长江国家文化公园的建设将带动区域内文化传播、经济流动，这将有助于发掘我国中上游广大腹地的巨大内需潜能，推动我国经济发展空间由沿海地区扩展到内陆地区，形成长江全流域优势互补、协同互动的格局，从而缩小东中西部地区的发展差距。这对优化沿长江地区工业结构、城市化布局、构建新的陆海新通道、发展国际经济合作竞争新优势、促进经济提质增效升级有着重要的现实意义，对于实现第二个百年奋斗目标和中华民族伟大复兴的中国梦，有着深远的历史意义。

四、长江国家文化公园的生态价值

（一）生态保护价值

长江国家公园作为生态安全格局的骨架和关键节点，应当保持具有重大价

---

① 长江商报. 长江经济带破立并举成果丰硕 经济总量占全国46.7%［DB/OL］.（2022-01-10）［2022-07-01］.https://new.qq.com/omn/20220110/20220110A0393I00.html.

② 张祝平. 黄河国家文化公园建设：时代价值、基本原则与实现路径［J］.南京社会科学，2022（3）：154-161.

值生态系统与自然生态系统；长江国家公园生态系统完整、健康，区域生态调控功能强大，对维护和改善长江生态环境起到了至关重要的作用，是维护生态功能的关键地区，对提高我国生态多样性同样起着重要的作用。

（二）生态科研价值

长江国家公园有着十分重要的科学研究价值，是一个非常重要的科研平台，它能够直观地反映长江流域的生态和自然资源现状与未来发展趋势，为长江生态环境的保护和修复提供科学依据。

（三）生态宣教价值

长江文化公园地处长江沿岸，拥有丰富的生物、地质、环境、历史文化等方面的知识，是人们了解和学习自然科学、历史文化的重要场所，有利于人们环境保护意识的培养、民族自豪感的增强，并且长江国家文化公园也是培育爱国主义精神的重要基地。

治理长江、建设"绿色长江"，不仅关系到长江沿岸地区人民的幸福，也关系到国家的长远发展。长江流域面积达 180 万平方公里，占比约是中国五分之一的陆地，聚集的人口占全国 40% 以上。因此，长江国家文化公园应做好长江流域水生态治理、保护、修复工作，为全国生态文明建设找到一条可复制、可推广的好路子，可增强国民对生态环境建设的信心，凝聚全国力量共同为打造美丽中国而奋斗。

五、长江国家文化公园建设实施进程

早在 2021 年 3 月，武汉市社会科学院与武汉大学国家文化发展研究院便成立联合课题组，进行武汉建设长江国家文化公园的前期研究。当年 12 月 3 日下午，二者联合编写完成的《武汉建设长江国家文化公园先行区总体构想》顺利通过专家评审。

自从国家文化公园创建工作领导小组在 2022 年 1 月 3 日发布了关于部署开启建设长江国家文化公园的通知后，2022 年武汉市把创建"长江国家文化公园的先行区"写入了政府工作报告中。在湖北省 2022 年两会上，长江国家文化公园的建设引发了众多代表和委员的热烈讨论，委员们纷纷表示，武汉应积极挖掘长江文化底蕴，构建长江文化 IP 体系，争取建成长江国家文化公园先行区；湖北省自然资源厅印发《省国土空间生态修复规划（2021—2035年）》，依据这份文件，为充分彰显荆楚文化特点，湖北省以武汉为带头城市，争先创建长江国家文化公园。

重庆致力于三峡文化遗产的开发，大力开发长江文化、加强利用长江文化遗产，已承担并完成《长江三峡文化发展研究》等一系列重大课题，并出版《近代川江航运简史》《千古三峡丛书》等 60 多本学术著作，举办《长江文明展》等专题展览，对长江文化的历史渊源、发展脉络、区域特征、价值观念进行了深入的探讨。

为了深入贯彻习近平总书记的重要讲话精神和有关国家文化公园的重要指示精神，把长江文化和长江文化遗产保护起来，把长江文化发扬光大，将长江的历史文化资源开发出来，系统地阐释长江文化的精神内涵，深入挖掘长江文化的时代价值。在两会上，《云南日报》联合《重庆日报》《新华日报》《浙江日报》《湖北日报》《湖南日报》《四川日报》等省级党报联合发布了"聚焦长江国家文化公园"专栏，并联合滇、川、渝、鄂、湘、苏、浙 7 省市的代表委员，共同为长江国家文化公园的建设提供意见。

四川省泸州市于 2 月 17 日举行了长江国家文化公园建设专家顾问会，市委常委、宣传部部长徐利在会上致辞；湖南岳阳市于 3 月 9 日，举行长江国家文化公园（岳阳段）建设专题讨论会；江西省九江市委副书记、市长杨文斌于 3 月 16 日主持召开长江国家公园（九江段）规划与修订工作视频会议。

这些都标志着建设长江国家文化公园的工作已被长江流域各省市列入了重要的工作中。

第二章　长江的文化价值

一、长江文化的内涵

自古以来，河流就是人类最重要的水资源之一。水养育人类，人类生成文化、创造文明。水作为生命之源、文化之根、文明之基，有着极为重要的作用。在中华大地上，长江奔流不息，孕育了长江文化，养育了中华文明。

长江发源于青藏高原的唐古拉山脉，干流流经青海、西藏、四川、云南、重庆、湖北、湖南、江西、安徽、江苏、上海共 11 个省级行政区，跨越 6000 余公里最终注入东海，是世界第三长河。长江流经的地区称为长江流域，是中华文明的重要发祥地。滔滔长江水一路向东奔入海，孕育了特色鲜明的各式文化，构成了一个以巴蜀文化、荆楚—湖湘文化、吴越文化为主体，包含滇文化、黔文化、赣文化、闽文化、淮南文化等亚文化层次的庞大文化体系[①]，在同一规则的作用下，这些不同的文化体形成了一个时空交织的多层次、多维度的文化复合体——长江文化。在中华文明的两大起源中，长江文明与黄河文明一起熠熠生辉共同助力中华民族的形成、发展以及壮大。

长江文化组成要素繁多，种类丰富。其包含水系文化、农耕文化、稻作文化、青铜文化、生态文化等，种类包括哲学、航运、文学、艺术等。在文学艺术方面涵盖多个领域的资源，如诗词歌曲、音乐舞蹈、戏剧曲艺、工艺美术

---

① 徐吉军.论长江文化区的划分［J］.浙江学刊，1994（6）：102-108.

等。在种类如此丰富的文化类型中，长江文化的突出代表之一应是稻作文化。江苏省考古学会理事长林留根指出，经考古证明，水稻是在中国的长江流域最早被独立驯化的[①]。水稻的种植和推广是长江流域对人类的伟大贡献。除此之外，长江流域也是中华思想文化的高地，在哲学思想领域有其独特贡献。严格意义上的中国哲学可以说是在长江流域创立的。由老子发其端、庄子衍其绪、屈原推其波、荀子善其终的唯物主义天道观，不仅为汉代道家建造完整的宇宙结构奠定了基石，更为中国哲学的独立发展开辟了道路[②]，道教最终也发展成为中国唯一的本土化宗教。

长江文化相较于其他文化具有其独特性质。其首要特征是古老性，具体体现在发源早、历史悠久。长江流域是最早的古人类起源地，可以追溯到170万年到200万年前；其次是区域性，长江绵延千里，各区域地理环境不尽相同，其上游、中游、下游孕育出的文化也各有特色。

（一）长江文化的史前发展

长江文化有其独立发展的完整序列。根据考古发现，长江文化从新石器时代开始出现并逐渐发展，在长江的上、中、下游各自发展，分别沿着三星堆文化一至四期，彭头山文化—城背溪文化—大溪文化—屈家岭文化—石家河文化，河姆渡文化、马家浜文化—崧泽文化—良渚文化的序列演进[③]。史前时期长江流域的考古发现与中华文明起源密切相关，为后续的文明发展打下了坚实的基础，位于长江不同流域的考古发现如拼图一般共同绘就一幅波澜壮阔的史前文明画卷。从考古文化的角度来说，长江上游、中游与下游的史前文化板块与巴蜀文化、荆楚文化以及吴越文化所在的区域是重叠的；从地域来分析，长江文化的形成与上中下游的各类古文化有着密切关系，这些古文化是长江文化之根基（表2-1）。

① 王宏伟.从长江视角看中华文明起源［N］.新华日报，2021-09-17（016）.
② 刘玉堂.长江文化的特质［J］.文化发展论丛，2016（2）：97-100.
③ 于锋.重新定义长江文明的历史角色［N］.新华日报，2021-11-05（016）.

表 2-1　长江各游段史前文化发展序列

游段	发展序列
上游	营盘山文化（距今 6000—5500 年）——宝墩文化（距今 4500 年左右）——三星堆文化（距今 4000—3200 年）——金沙文化（距今 3200—2600 年）
中游	彭头山文化（距今 9000—8300 年）—城背溪文化（距今 7000 年）—大溪文化（距今 6500—5000 年）—屈家岭文化（距今 5300-4700 年）—石家河文化（距今约 4600—4000 年）
下游	河姆渡文化（距今 7000 年）——马家浜文化（距今 7000—6000 年）—崧泽文化（距今 6000—5300 年）—良渚文化（距今 5300—4300 年）

　　长江流域分布着数以千计的史前文化遗址，共同汇聚成多元一体的中华文明，生动地体现苏秉琦先生所说——中华文明的起源是"满天星斗"式的[①]。在长江流域的各类古文化中，各流域都有重要的考古文化类型。因此下文集中介绍各流域突出考古文化的一些基本情况。

　　1. 上游——宝墩文化、三星堆文化

　　以四川成都平原为中心的长江上游地区的文明发展进程较中下游地区相对缓慢。从考古学的角度出发，长江上游先秦文化的发展序列始于宝墩文化，终于晚期巴蜀文化，时间跨度从新石器时代晚期到春秋战国，历时 2000 余年[②]。

　　宝墩文化时期在农业、手工业方面的发展水平较高，并伴有数处大型中心聚落和城址。此时期主要以磨制石器作为生产工具，种类齐全、制作精致，有石斧、石锛、石凿、石刀和石铲，反映出当时的农业生产较为发达。同时，出土达千余件的陶器说明制陶技术已达到相当的水平。除了陶器、石器制作技术娴熟，在此基础上出现了制作精美的玉器。考古发现数量繁多的陶以及石质纺轮，体现了宝墩文化时期纺织业的发展也已达到较高水平。因农业和手工业的快速发展，宝墩出现阶级对立、财富分化，进而引发战争，社会动荡。宝墩文化逐渐衰落，此时长江上游逐步进入了三星堆文化时期。

　　①　苏秉琦.中国文明起源新探［J］.读书，2019（12）：1.
　　②　姜世碧.长江上游文明的起源、形成与发展——兼论成都平原先秦文化的发现及意义［J］.农业考古，2003（1）：68-75.

　　距今约 4000 年前开始，三星堆文化发展而起。这一时期的农业有了更大的发展，手工业类别完备，青铜文化高度发达，铜器、玉器、陶器的数量繁多，且能反映出较为成熟的加工制作技艺。农业方面的进步体现在大幅度增多的生产工具数量和种类，尤其是锄形器、兽骨的出现，反映出当时已进入锄耕农业阶段，畜牧业发展也较为迅速。手工业方面，三星堆遗址所出土的大量青铜器，说明了此时期青铜文明的繁荣，它制作技术之高超和造型之精巧，与其他同时期的考古文化相比是独一无二的。而玉石制品的加工和生产，技术已达娴熟，逐步向更加精细化发展。多种类型的器具制作能够反映出地方特色，说明当时人们有一定的审美情趣。各种质地、形态纺轮的发掘，显示出相关制作技艺已经达到了高水准，纺织业进一步发展。众多考古资料无不显示三星堆文明的高度发达，是中华文明的重要组成部分。

　　2. 中游——屈家岭文化、石家河文化

　　长江中游新石器时代文化遗址众多，经过考古工作者的研究，目前也已经初步建立起一个比较完整的发展序列，始于彭头山文化，终于屈家岭文化、石家河文化。到石家河文化时期，已显现出诸多文明特征，在探索中华文明进程中占有重要地位。

　　屈家岭文化时期（距今 5300—4700 年），是长江中游新石器时代的鼎盛时期，也是我国史前文化中最早成批建立城址的文化[1]。根据考古资料发现，屈家岭文化时期修建的房屋，是目前为止我国利用土坯建筑和房屋开窗的最早实例。此时期的稻作农业有很大发展，生产规模不断扩大，技术水平进一步提升。通过所出土的稻谷可以发现，相较于之前种植小粒形稻种，此时期大量栽培较大粒的优质籼稻品种，此现象在很大程度上说明了两湖平原地区史前稻作农业的发展已达较高水平。除了稻作以外，屈家岭文化的彩陶具有其独特地位。具体表现在采用晕染的绘画方法以及广泛地在陶纺轮上涂色，反映出陶器与绘画新的发展。在宗教方面，屈家岭文化更加统一，具有等级制度和规范

---

① 任式楠. 长江中游新石器时代的显著成就和特色文化现象［J］. 江汉考古，2004（1）：42-51.

性，走出了"万灵论"的世界。

石家河文化（距今 4600—4000 年）因湖北石家河镇的遗址群而得名。该遗址群是长江中游面积最大、延续时间最长、等级最高、附属聚落最多的史前城址聚落。遗址内除了城址、祭祀遗迹外，还发现了许多独特的陶瓷和玉器，在玉器上使用的圆雕、透雕等工艺，是史前中国在玉器加工方面的最高水平。在出土文物中可以发现有一定规模的小型象生玉雕，形态各异，兼具写实与想象，共有 90 余件。这在新石器时代是少见的，极为珍贵。还有数不胜数的陶偶和造型各不相同的玉雕神灵像，在其他考古学文化中具有极其鲜明的特色。此时期也发掘出许多作用和地位不尽相同的重要遗迹，包括高级住宅、统治中心、陶器制造处、宗教祭祀场所、墓地等，种类之齐全表现出此时已建立起复杂社会。

3. 下游——良渚文化

良渚文化分布于长江下游（距今 5300—4300 年）。考古发现，良渚文化首先进入文明时代，可以说是中华大地上第一个文明古国。良渚文化古城遗址于 2019 年成功申报为世界文化遗产，这里有古城和高等级的祭坛式墓地，在农业方面有高水平的水利系统，手工业方面有精美无比的玉器以及其他类如丝织等日用或装饰品，是良渚先人们遗留下来的宝贵财富。除此之外，还有位于太湖平原等地的良渚农业聚居区，无不显示出它发达的文化创造。考古发掘的资料显示良渚文明创造了礼与礼制，并不断发展使其更具规范性，走向制度化。不仅如此，用作祭祀的玉琮、玉璧和玉璜等基本礼器，还有具有重要象征意义的鼎、钺等大多是在良渚文化时期首创。水稻在下游地区有着数千年的栽培历史，良渚文化承接先人结晶，拥有先进的稻作农业，除了培育作为粮食的稻谷，先民们也同样重视菜蔬瓜果的种植。在手工业方面，陶器轮制是良渚人最有特色的工艺。从总体看，良渚文化时期的水稻栽培、丝绸、漆器、制玉等都是其特色，为中国文明提供重要元素[①]。良渚文化与先前古文化一脉相承，

---

① 汪遵国. 良渚文化：东方文明之光［J］. 浙江学刊，1996（5）：20-21.

拥有的日月、阴阳等对立统一的观念以及天人合一的宇宙观都是中国传统文化的核心所在。根据考古资料显示，位于长江中游的石家河文化与下游的良渚文化如同黄河流域的龙山诸文化一样，均已发展到一个新的阶段，具体表现在墓葬规模的大小悬殊、设防城堡的出现以及礼制性建筑的建造和玉器的大量使用[1]，这些无一不说明长江文化是推动中国古代文明的重要力量。

中国文明的一部分要素固然为中原先民和中原文化所创造，但更多的要素却来源于非中原文化，其中尤以长江流域（主要是中下游地区）先民的首创文明要素最多，最为卓著[2]。从物质文明的角度看，长江流域在新石器时代文化中创造发展的许多要素，如瓷器、丝绸、铁器、稻作农耕等，汇聚成为中华文明中闪闪发光的宝贵财富。可以说，长江流域在农业、手工业、文化、艺术、人才教育等诸多方面迎来了领跑千年的辉煌，为中华文明做出了"长江贡献"。

（二）长江文化的地域分异

中华文明源远流长，在漫长的历史进程中不断发展更新，内涵之丰富无可比拟。不同区域自然环境与社会模式等因素的不同造就了中华文明鲜明的地域特色。长江是华夏民族的母亲河，是中华民族的文化之源，孕育了中华民族文化的两大源头之一——长江文化。长江流域按照区域可划分为上、中、下游，不同区域的地理条件都有其独特性，整体表现出多样性与复杂性的特征，因此不同区域孕育出的文化体也不尽相同、各具特色。长江文化联结不同区域的文化，是一个时空交织的多层次、多维度的文化复合体。经由100多万年的文化发展，形成了不同的地域文化圈，主要包含巴蜀文化区、荆楚文化区以及吴越文化区三大区域，长江的上、中、下游与之相对应。

长江发于青藏高原，一路奔流入海，孕育了一条贯穿东西、跨越千里的长江文化带。习近平总书记在考察重庆、江苏等地时指出，长江造就了从巴山蜀水到江南水乡的千年文脉，是中华民族的代表性符号和中华文明的标志性象

①　李伯谦.长江流域文明的进程［J］.考古与文物，1997（4）：12-18，84.
②　陈剩勇.长江文明的历史意义［J］.史林，2004（4）：119-122.

征，是涵养社会主义核心价值观的重要源泉①。长江文化是地域文化之轴，也是其表征。长江贯通巴山蜀水与江南水乡，联结不同地域文化基质，在这个过程中形成蓬勃浩大的长江文化，因此从地域的角度看长江文化，能够丰富解读长江文化的视角，厘清长江文化的脉络，充分挖掘其丰富的文化内涵。

1. 巴蜀文化——上游流域

巴蜀大地山水秀美，孕育了丰富、独特、多元的巴蜀文化。巴蜀文化所处的巴蜀地区以四川盆地为中心，位于长江上游流域。向北与甘肃、陕西、青海为邻，南有贵州、云南相接，向东连接湖北、湖南，向西接连西藏。巴蜀文化作为一种区域性文化，是指以巴蜀地区为中心，以历史悠久的巴文化和蜀文化为主体，涵括周邻地区各少数民族文化在内的多元复合文化的总汇，具有从古至今的历史延续性。从发展进程来看，巴蜀文化始终是长江文化中的主体文化，占有举足轻重的地位。正如著名历史学家李学勤先生所说"如果没有对巴蜀文化的深入研究，便不能构成中国文明起源和发展的完整图景""中国文明研究中的不少问题，恐怕必须由巴蜀文化求得解决"②。

巴蜀是一片人文荟萃之地，在科技、文学、艺术等方面以其杰出的成就为中国文明做出巨大贡献。巴蜀在科学技术方面具有的诸多成就，是中华科技文明的瑰宝，都江堰水利工程技术、盐井钻井技术、蜀锦和蜀茶、天然气等发现和创造硕果累累，天文学、数学、医药学等领域均有建树。在文学方面，巴蜀文化群星荟萃，诞生了无数文人雅士、文坛巨擘。在文学形式上种类丰富，以辞赋为杰出代表。在艺术方面，巴蜀的书法绘画、音乐舞蹈、戏剧等，在全国有着举足轻重的地位。

追溯中华文明之源，巴蜀文化可谓是中华文明产生以及发展最早的区域之一。营盘山遗址、巫山猿人古人类遗址都充分说明了巴蜀地区是中国文明的重要起源地，同时也丰富了中国文明起源"多元论"的考古学依据。而三星堆文明和金沙文明则揭示了其独特的文化和悠久历史，显示了其鲜明的地域特色以

---

① 贯彻落实党的十九届五中全会精神 推动长江经济带高质量发展［N］.人民日报，2020-11-16.
② 李学勤.巴蜀文化研究的期待——《三星堆与长江文明》前言［J］.中华文化论坛，2004（4）：6-7.

及文化特征。巴蜀文化拥有独立且深远的文化之源，蕴含渊博雄厚的民族文化，在中华文化"多元一体"总体格局中占据不可忽视的关键地位，是中国古代文明中一颗闪亮的星。

2. 荆楚文化——中游流域

荆楚文化是以洞庭湖、湘江为中心，以当今湖北所在地区为主体的历史文化，拥有丰富内涵以及深远的文化影响力。在地理空间上其发祥地主要集中于长江中游。荆楚文化承南接北，连接东西，对于构建中华文化体系有着不可忽视的作用。与此同时，作为一种多元性的典型地域文化，其不仅是长江文化的重要组成部分，也为中华文化的持续发展提供了精神动力。从发展的眼光来看，荆楚文化不仅包含过去，还应囊括近现代以及当代以湖北为主体所形成并不断发展的特色文化。

荆楚文化作为一种兼收并蓄的文化，内涵丰富，经历了中原文化与南方民族文化持续数千年的融汇与复合。从地理位置来看，荆楚地区处于南北交接处，数千年前就是水陆交通的枢纽，接连四方，从东至西、从南至北。与此同时，荆楚地区也见证了历史上诸位文人雅士、商户、官员乃至被流放之人经由此处北上南下、东进西行。荆楚在动态发展中以广阔的胸怀接纳来自东西南北的各类文化，犹如一块巨大的文化调色板，在保持自己底色的同时吸收外来文化。

荆楚文化拥有丰富的文化资源以及与时俱进的文化精神。习近平总书记与印度总理莫迪参观湖北省博物馆精品文物展时指出，荆楚文化是悠久的中华文明的重要组成部分，在中华文明发展史上地位举足轻重。荆楚地区蕴含丰富的物质与精神文明，荆楚文化以"青铜冶铸、丝织刺绣、木竹漆器、美术乐舞、老庄哲学、庄骚文学"为支柱，充分展现了荆楚文化的高度成就[①]。荆楚文化在精神方面的发展相较于其他文化具有其鲜明的特征，更富有想象、思辨力度，同时还夹揉着一种独特的浪漫。就武汉大学哲学系李维武教授的观点来

---

① 王生铁.弘扬"荆楚文化"精神 助推"文明湖北"建设——在"荆楚文化与文明湖北"研讨会上的讲话［J］.荆楚学刊，2014，15（1）：10-15.

看，这种独特的思想文化特质，在湖北逐步形成了悠久的心学传统，对中国哲学的发展、中国人的精神领域的发展都有很大的影响[①]。这些都是荆楚地区物质和精神文明发展的重要展现，可以说荆楚文化在很多方面已能够与古希腊文化并肩。

3. 吴越文化——下游流域

吴越文化在地理空间上主要集中于长江下游，以太湖流域为中心向四周扩散，向南有江西东北部、浙江，向北涵盖江苏、安徽南部以及上海。吴越文化扎根于河姆渡文化、良渚文化等史前文化，在先秦时代称霸一时。在长达千年的历史发展过程中，吴越文化一方面不断找寻契机，在不同时代背景下不断调整更新文化内涵，发展壮大，另一方面又不断吸收其他文化的先进成分，在保持自己底色的基础之上时时创新，对中华文化做出了多方面的贡献。在周代，汉民族还未形成、中华传统文化体系还未确立之时，吴越文化是形成以汉文化为主体的中华传统文化的重要主源之一，其不仅兼收并蓄又极具个性，为中华文化不断增光添色。如今，长江三角洲地区发展潜力巨大，经济强劲增长，而吴越文化作为一种区域文化，正处于长三角地区，它在促进长三角一体化发展中起着举足轻重的作用。

具有"柔、细、雅"特征的吴越文化在物质和精神文化方面有其突出成就，吴越地区也人才辈出。根据缪进鸿先生统计，江、浙、沪地区历史上出的人才占全国的68.2%，其中历代出类拔萃之辈，以江苏省居首位，浙江省次之[②]。书法上名垂青史的书圣王羲之，在诗词上冠绝古今的谢灵运家族，遐迩闻名的政治家、军事家、文学家范仲淹，还有学贯中西、享誉中外的王国维，作为中国现代文学的奠基人之一的鲁迅等都出自吴越地区。除此之外，中国文化体系中有着独特地位的"玉文化"也是由吴越地区所孕育，这种精致文化是"君子人格"的代表，而瓷器、丝绸不仅是中华民族先辈们的特殊创造，也是

---

① 黄宣传，宁薇.弘扬荆楚文化 促进社会发展［N］.湖北日报，2005-01-13.

② 丁家钟，贺云翱.长江文化体系中的吴越文化［J］.南京大学学报（哲学·人文科学·社会科学版），1998（4）：69-72.

中国面向世界所做的卓越贡献，究其根源它们同玉器一般均从吴越文化中生根发芽。

在长三角这片土地上经由历史沉淀的吴越文化蕴含着丰富的内容，其精华不断丰富和促进长三角地区的政治、经济和文化的发展。以上海为首的吴越地区，其经济发展之迅猛、所处地位之重要全国各地少有与之企及。在未来其核心精神与丰富内涵不仅对长三角地区，更将对其他区域的发展发挥独特作用。

（三）长江文化的主要类别

1. 青铜文化

千年的历史长河中，特色鲜明的青铜文明分别在长江上、中、下游地区涌现，长江流域青铜文明高度发达、震惊中外。青铜雕刻了专属于那个时代的本土文化传统，诉说着过去的信仰与传统。

长江上游巴蜀地区的青铜文明神秘而独特。出土于四川省三星堆遗址的青铜器种类与数量繁多，充分展现出制作工艺之精湛。其外形精美独特，有形状各不相同的青铜人头像、用于祭祀的尊、形态各异的各种动植物造型等。出土的文物中还有世界上最早、树株最高的青铜神树，世界上最大、最完整的青铜大立人像以及世界上最大的青铜纵目人像[①]，还包括鸟形金箔饰，以及神似"奥特曼"的青铜小立人像等，充分展现了那个神巫的世界。除青铜容器外，其余的器物种类和造型也可以用独特、神秘来描述，其相较于中原文化表现出了显著差异，极具地方特色。除了三星堆遗址，成都金沙遗址以太阳神鸟金箔饰为代表，位于新都的马家木椁墓发掘出的大量青铜兵器，依旧金光灿然。

长江中下游地区发掘的遗址也显示出灿烂的青铜文明。江西新干大洋洲商墓出土大量造型奇特、纹饰精美的青铜器，湖北省随州曾侯乙大墓出土的曾侯乙编钟，被誉为"国之瑰宝"，挖掘出的一套编钟，数量达 36 件，气势恢宏，是中国青铜时代巅峰的艺术精品，充分展现了一方诸侯王国的富庶与赫赫威仪。长江下游安徽地区出土的祭国青铜器，上有铭文。而吴越地区出土的青铜

---

① 何一民. 成都历史文化特质简论［J］. 西南交通大学学报（社会科学版），2012，13（4）：121-128.

兵器，如书中所说甲于天下，吴王夫差剑、越王勾践剑等锋利无比，也得以窥见吴越地区人民尚武的精神面貌。

2. 生态文化

生态文化是人与自然和谐相处的文化，体现了人对于其生存环境的适应方式。长江流域蕴含丰富的生态文化，自然视域下可以划分为森林、湿地、江河湖泊文化等，森林文化又可细分为树木文化、花文化以及茶文化等。中华文明历来追求人与自然的和谐共生，推崇中国传统哲学的"天人合一"主张。道家思想的代表人物老子和庄子分别诞生于长江中游和下游，老子主张"见素抱朴"，回归自然；庄子认为人应该顺应自然，"不以心损道，无以人灭天"。这些思想理念渗透在长江流域先民世世代代的生活中。

长江上游的贵州省、四川省无一不蕴含着丰富的生态理念。生活在贵州这片充满山地的土地上，贵州人民向来崇尚生态、热爱自然。从江县岜沙苗寨的树文化无处不在，其独特的树葬文化，严厉的护树寨规等都体现了岜沙人民对自然的敬畏。如今，岜沙苗寨森林覆盖率达93.4%，有着"全国生态文明示范村"的称号。四川省成都市锦江区建立了中心城区首个国家环保科普基地白鹭湾湿地，提出并践行"生态优先"的发展理念。

位于长江下游的江苏省南京市中山陵园风景区，放眼世界也难以再找出与之类似的城市森林公园，足以证明其稀有性以及蕴含的森林生态文化之丰富。它于2009年成为首批"全国生态文化示范基地"，其开发形式、利用方式等对于其他地区乃至世界林业的可持续发展具有极大的指导价值。浙江省在2018年度有六个村子入选"全国生态文化村"称号，涉及桐庐县、绍兴市、龙泉市、玉环市等地方。这些村子利用其独特的自然环境，充分挖掘特色，将环境保护与传统文化有效结合，让村子焕发出全新活力，蕴含着丰富的树木文化、花文化等生态文化。

除此之外，长江流域也包含丰富的茶文化。中国茶文化中蕴含着尊重自然、诗意栖居等生态理念，是生态文化的重要类型。出生于湖北天门的陆羽撰写了世界第一部茶叶专著《茶经》。关于中国十大名茶虽有多种说法，但其中广为认可的有产于长江下游浙江省杭州西湖的龙井、江苏苏州太湖的洞庭山碧螺春等。上海自 1994 年起，已连续举办 28 届国际茶文化节。茶文化体现人民崇尚自然、简单健康的生态文明思想，是当今走健康生态绿色有机环保道路的指引内容。

3. 红色文化

长江之域是英雄的土地，红色基因深植并蔓延于这里。长江流域有着光荣的革命传统和浓厚的红色文化，在这片土地上发生了一场场轰轰烈烈的革命故事，谱写了一段段激昂壮阔的诗篇。从建党到中华人民共和国成立，从革命时期到改革开放，长江红色文化闪耀于长江上、中、下游，无数英雄先烈顽强拼搏、不懈奋斗所形成的革命精神是党和人民的强大精神力量，是中国不断前行的精神动力。

位于长江上游的重庆红岩村是"红岩精神"的发祥地，地处长江中游的武汉汉阳则孕育了"红桥精神"，充分展现了"敢为人先、追求卓越"的拼搏精神。处于长江下游的浙江嘉兴见证了中国共产党的诞生，南湖红船寄托着中华民族的希望，孕育了中国革命的火种，历史在这里翻开崭新的一页。革命根据地建立在长江流域各地，井冈山、瑞金、湘鄂赣、湘鄂西、湘鄂川黔等根据地都是党带领人民战胜艰难险阻的见证者。抗日战争时期，长江人民更是解救民族于危难的中流砥柱。地处长江下游南岸的江阴是中国海军以沉船、牺牲几乎所有主力为代价的保卫战的发生地，下游地区也爆发了淞沪会战、江阴海战和南京保卫战，无数先烈在这里洒下热血；中游地区发生的长沙保卫战是我军正面抵抗日军侵略所取得的伟大胜利；空间再转至长江上游，抗战时期有 300 余万名川渝将士直击一线，英勇抗击。长江子民用青春、热血乃至生命支撑起了国家脊梁。长江流域镌刻着这些丰功伟绩，留下的宝贵精神财富是推动中华民族永续前进的蓬勃力量。

4. 丝绸文化

丝绸是中华文明的标志物之一，在中国古代贸易互通、国家政治、经济、文化领域占有举足轻重的地位。中国因盛产丝绸，曾被冠以"丝国"之称。中国的丝绸生产源远流长，而长江流域在我国丝绸生产的悠久历史中更占有特殊地位①。

从考古发现来看，长江中游地区的众多遗址中都发现了陶质或石质纺轮，以长江中游为中心的楚国地区出土了众多丝绸遗物，无不表明丝织业之繁盛。长江下游地区的古丝绸产业非常发达。例如，良渚文化钱山漾遗址出土的绢片、丝带和丝线，是我国南方出土的最早丝绸实物，距今4700多年。河姆渡遗址出土的纺轮，是新石器时代长江下游地区已有较成熟丝织业的有力证据。明清时期长江流域的南京、苏州、湖州、松江等城市以及盛泽镇、南浔镇等名镇因为丝织业而兴盛。刺绣文化作为丝绸文化更高一级的形态，名绣的存在是丝绸产业高度商业化、品牌化的结果。中国四大名绣中的蜀绣、湘绣、苏绣、粤绣，分别位于四川、湖南、江苏、广东，有三个都位于长江流域，对应长江的上、中、下游地区。而中国七大绸都，杭州、苏州、湖州、盛泽、嘉兴、无锡和南充，集中在浙江、江苏以及四川。这些都从不同侧面反映出长江流域对于我国丝绸文明发展的重要性，长江丝绸文化不仅是一个地区具有地域特色的文化，也是整个中国丝绸文化的杰出代表。

（四）长江文化的核心特质

中华文化是多元复合的，中华文明的起源是"满天星斗"式的。长江文化与黄河文化同为中华民族的元文化。长江流域作为中华民族的摇篮之一，孕育出的长江文化贯通东西，不断发展沉淀，是构筑中华民族共同体的筋骨，是中华民族和中华文明的标志性象征。

长江文化蕴含丰富的中华优秀传统文化，孕育了中华民族精神。从文化精神角度看，立基于黄河文化的黄河精神更偏重于带有伦理规范性质的人与社会的协调方面，而长江精神则具有其独特品性，表现为自强不息、海纳百川、厚德载物的内在品格，对人与自然的协调更为注重②。这与长江精神以道学著称

---

① 刘兴林，范金民. 论古代长江流域丝绸业的历史地位［J］. 古今农业，2003（4）：50-62.
② 杜地. 论长江、长城、长征的精神价值及新时代意义［J］. 江西社会科学，2018，38（4）：239-245.

也是相符的，崇尚自然与和谐。总的来说，长江文化的精髓体现在"天人合一"的思想，筚路蓝缕、自强不息以及厚德载物、团结和合的优秀民族精神。

1. "天人合一"的传统思想

"天人合一"观念是农业文明的产物，它反映了人与自然息息相关、相依共存的密切关系[①]，同时也体现了人如何看待自然以及采用何种方式处理人与自然的关系。长江流域相较于其他地区有其独特的地理生态环境，长江文明也根植于此，长江文化的形成与特殊的自然生态密不可分。从地理角度看，长江干流处于中国中部地区，从西出发，横贯中部直至奔流入海。区域与区域之间以水相连，也得以持续地进行文化交流。长江流域富含水资源，长江文明与水相生，在发展的过程中产生的人与自然相处的理念、原则、精神等，对当今社会发展有着重要意义，福泽绵延至今。

考古研究不断证实，水稻是在中国的长江流域最早被独立驯化的。长江先民们栽培稻谷，是顺应自然、遵循自然规律以及"天人合一"思想的体现。从古至今，长江流域发生过多次水灾，生活于此的长江先民与之进行了顽强抗争，创造的水利文明领先全球。中华人民共和国成立后，湖北宜昌的葛洲坝水利枢纽工程是长江上第一座大型水电站，还有三峡工程和南水北调等工程，都是长江流域人民与自然和谐相处的集中体现。2020年4月，习近平总书记在浙江余村考察时指出"要践行绿水青山就是金山银山发展理念，推进浙江生态文明建设迈上新台阶，把绿水青山建得更美，把金山银山做得更大，让绿色成为浙江发展最动人的色彩"[②]。这是新时代的生态保护观念，是"天人合一"思想的新时代反映。

在哲学方面，道家庄子曾提出"天人合一"的思想，"不以心捐道，不以人助天""天地与我并生，万物与我为一"等境界体现了长江流域的先民们如何看待人与自然的关系。道家"天人合一"思想体现了人应该如何对待生命和

---

① 方克立．"天人合一"与中国古代的生态智慧［J］．社会科学战线，2003（4）：207-217.

② 习近平在浙江考察时强调：统筹推进疫情防控和经济社会发展工作 奋力实现今年经济社会发展目标任务［N］．人民日报，2020-04-02.

自然，强调"尊重、顺从"的态度，不忤逆自然，追求"万物群生，连属其乡；禽兽成群，草木遂长"的生活。

2. 筚路蓝缕、自强不息的民族精神

长江是一条盘旋在东方沃野上的巨龙，长江文化作为中华文明的重要起源之一，蕴含着丰富的民族精神。长江流域拥有相对复杂的自然地理和人文地理，不同地域孕育的文化、积淀的精神也不尽相同。但在诸多特殊性中可以发现长江文化具有代表性的共性特质，首推筚路蓝缕、自强不息的进取精神。

楚国的发展壮大历程生动展现了筚路蓝缕的奋斗精神。从周代面积不过方圆五十里的弱小国家，一步步奋斗至春秋五霸之一。纵观中华民族的奋斗史，楚国筚路蓝缕、自强不息的奋斗历程堪称典范。此外越王勾践卧薪尝胆等都体现着自强不息的进取特质。近代以来长江文化蕴含的进取特质体现在变革之中。1895—1898年，维新派组织成立学会78个，其中将近半数在湖南、上海；全国创办的主要报刊31种，集中在长江流域的多于半数。其中对世人具有深远影响的《强学报》《时务报》等报纸均创办于长江流域。报纸内容依据时势阐述变法的必要性，用文字唤醒人们要自强，以救亡图存为宗旨，在社会体制变革的探索中有深远影响。除此之外，长江率先翻开了中国工业文明的新篇章。长江上游地区有来自巴蜀大地的卢作孚在航运业救国救民，以一己之力挽救了民族现代工业的大运输；长江下游则有张謇通过实业救国、报国，为中国纺织工业做出了巨大贡献。长江人民用行动传承民族精神，进行了一次又一次救亡图存、励精图强的实践，这些都是筚路蓝缕、自强不息民族精神的展现。

3. 厚德载物、团结和合的民族精神

长江文化生动展现了中华民族厚德载物、和生天下的品格。巴蜀文化、荆楚文化、吴越文化都是长江文化中必不可少的组成部分，纵观其发展历程与繁荣史，可以发现一共同的鲜明特征，即厚德载物、团结和合的精神。

位于长江下游的吴越文化以德著称，具有以德治国、明理重学的优良传统，这些崇德理念经由千百年的沉淀与完善，传承至今成为中华民族的优良传统，而长江的团结和合体现在其对外的包容态度，包容万象。以荆楚文化为例，荆楚地区位于黄河、长江流域的交会处，自然而然会接触各类地区不同的文化，楚国对其表现出极大的包容性。具体表现在与外界相处中，尊重与它不同的民族文化，在民族政策上采用"抚有蛮夷""以属诸夏"的策略；奉行"团结和合"的理念，体现在它合并诸多诸侯国以及少数民族部落时所采取的政策。文化的形成是一个动态的过程，长江文化在其发展过程中经历了与其他文化的交融，取其精华，内化形成自己的独特文化。与此同时，长江各流域的文化对待来自远方的思想能够采取一种尊重和欣赏的态度，而不是敌对与侵略。居住在长江流域的人口以汉族为主，但也包含将近50个少数民族，在服饰、饮食习惯、习俗等方面具有多样性，但长江人民互相尊重，处于一种融洽和谐的状态，充分体现了其团结精神。

二、长江文化的时代价值

（一）长江文化：中华文明之源

2016年1月5日，习近平总书记在重庆主持召开推动长江经济带发展座谈会上的重要讲话中指出，长江、黄河都是中华民族的发源地，都是中华民族的摇篮。这是习近平总书记对中华文明起源的科学论断，并有考古证据的有力支持。长江是中华民族的母亲河，是孕育中华文明的摇篮。长江流域是世界栽培稻的起源地，也是我国乃至世界上最早的陶器制作技术诞生地。数千年来，长江文化不断发展，凝结了中华民族先辈的集体智慧，是中华传统文化的重要组成部分，代表着中国国家文化。所以，从国家层面来看，长江文化对国家发展有着不可替代的作用。

1. 长江文化是坚定文化自信的重要载体

文化自信表现在对民族文化历史的敬意与自豪感、对民族文化高度的认同与归属感、对民族文化未来发展的信心与期待感。党的十九大报告指出"文化自信是一个国家、一个民族发展中更基本、更深沉、更持久的力量"①。原文化

---

① 习近平.习近平谈治国理政（第2卷）[M].北京：外文出版社，2017.

部部长蔡武认为中华优秀传统文化、革命文化和社会主义先进文化三种文化是中国文化自信的来源[①]。而长江文化在数千年的发展中蕴含着丰富的上述文化，深入挖掘长江文化的丰富内涵，能够为中国人民和中华民族坚定文化自信提供有力的支撑。一方面，长江文化从根本上为坚定文化自信增添了亮丽的底色。在中华民族的历史上，长江造就了从巴山蜀水到江南水乡的千年文脉，是中华民族的代表性符号和中华文明的标志性象征[②]，有力提升了中华儿女的自豪感与自信心。长江文化绵延千年而没有中断的事实，为我们坚定文化自信增添了底气。另一方面，长江文化具有极强的包容性以及同化能力，能够兼容并蓄的特性使它不断充实和发展，历久弥新，于无形中让中华儿女坚定了文化自信。长江文化千年的绵延与沉淀，拥有的蓬勃朝气与创新伟力都是我们文化自信的来源。

长江记录着光辉灿烂的中国传统精髓，长江文化以其雄厚的内涵、丰富多样的文化种类使中华民族文化五彩纷呈，是中华民族文化的引领者。从中华传统文化谈起，《老子》《庄子》《楚辞》《西游记》《水浒传》《红楼梦》等名著典籍；从火药、造纸到活字印刷等一系列发明；中国哲学、文学书画、医学、音乐戏曲等都在长江流域千百年的流淌中发扬光大。不只如此，长江文化也蕴含着丰富的革命文化。红色基因深植并蔓延于此，长江流域记载着这些殊勋茂绩。社会主义先进文化也在长江流域体现得淋漓尽致。中华人民共和国成立后，长江开启了崭新的发展进程，一系列水利工程，如缓解北方水危机、促进南北经济协调发展的南水北调工程，当下全球最大的水利枢纽工程——三峡工程等，无不彰显了长江力量。

2. 长江文化是推动民族伟大复兴的精神力量

党的十八大以来，中国共产党提出了中华民族伟大复兴"中国梦"的宏大愿景。习近平总书记指出："一个国家、一个民族的强盛，总是以文化兴盛为

---

① 蔡武. 从三个方面理解把握文化自信 [N]. 学习时报，2018-09-05（001）.
② 黄国勤. 长江文化的内涵、特征、价值与保护 [J]. 中国井冈山干部学院学报，2021，14（5）：45-51.

支撑的，中华民族伟大复兴需要以中华文化发展繁荣为条件"[①]，中华文化是支撑中华民族伟大复兴的本源。进一步说，中国梦的实现需要从中华优秀传统文化中找寻到我们的民族精神，并以我们的中华民族精神推进中国梦的实现[②]。长江作为中华民族的母亲河，是中华民族发展的重要支撑，是中华文明之源。其中蕴含的民族精神是实现中国梦的推动力量。习近平总书记指出："中华文明源远流长，孕育了中华民族的宝贵精神品格，培育了中国人民的崇高价值追求。"[③]千百年来，长江跨越6000余公里奔腾不息，长江人在共同生活的基础上经由漫长的历史发展逐渐形成的思想品质，从中提炼出来的核心思想与价值观念就是民族精神。在这个过程中，长江留下了"守诚信、崇正义、尚和合、求大同"等核心思想理念，"自强不息、扶危济困、孝老爱亲"等中华传统美德，"求同存异、和而不同"的处世方法等。在中华民族发展的历史长河中，爱国主义始终是主旋律，激励着我国人民不断拼搏，红色基因在长江流域发芽、蔓延并不断壮大。上海、武汉、南昌等地都是党带领人民拼搏向上的见证者。红船精神、井冈山精神、红岩精神等革命精神在长江流域发扬传播，这些精神是推动中华民族永续前进的蓬勃力量。可以说，近代史上几乎所有重大的里程碑事件都发生在长江一线[④]。万里长江滋养着近现代无数的仁人志士持续奋进，立足长江进行探索实践。千年文脉积淀的民族精神饱含中华民族蓬勃不息的力量，从思想层面给予中华人民实现中华民族伟大复兴"中国梦"无限力量，支撑我们跨越千重山、万重浪，走向更加辉煌。

3. 长江文化是国家形象与软实力的重要展示

当今世界正值百年未有之大变局，国家实力不仅仅参照军事、经济实力等指标，更强调文化上的软实力。在全球化背景下，文化的特色性是一个国家和民族的核心竞争力所在。何为文化软实力？这是一个国家以本民族的传

---

① 习近平在山东考察时的讲话［N］. 人民日报，2013-11-29.
② 孔宪峰. 中华优秀传统文化的当代价值——兼论中国共产党关于传统文化的新认识［J］. 教学与研究，2015（1）：76-83.
③ 习近平在会见第四届全国道德模范及提名奖获得者时的讲话［N］. 人民日报，2013-09-27.
④ 贺云翱. 长江文化，中华文明的壮丽篇章［J］. 中国三峡，2020（1）：11-19.

统文化为基础，在不断创新发展中形成的内在凝聚力与外在影响力。习近平总书记指出："提高国家文化软实力，关系我国在世界文化格局中的定位，关系我国国际地位和国际影响力。"[①] 从国际视角看，提升我国文化软实力极为重要。习近平总书记反复强调"提高国家文化软实力，要努力展示中华文化独特魅力""中华优秀传统文化是中华民族的突出优势，是我们最深厚的文化软实力"[②]。由此可见，国家文化软实力的提升依托于中华优秀传统文化。只有扎根自本国，经由千年历史积淀而传承至今的文化才能使得民众有自信心、自豪感，才能使我国称得上文化强国。纵观世界历史长河，有多多少少的国家、地区曾在某一时期称霸一方，但都随着时间的流逝而掩埋，那些曾经强大的过往转变成历史长河中的一颗星。长江作为中华民族的母亲河，是中华文明孕育诞生的摇篮，而长江文化作为中国四大文化板块之一，它起源早、历史久，丰富性与多样性无可比拟，是中华优秀传统文化的重要组成部分。长江文化能够向世界展示中华民族上下五千年丰富的文化资源优势，展示我国文化旺盛的生命力、蓬勃的朝气与创新的伟力，展现中华文化的独特魅力与最深厚的文化软实力。

4. 长江文化为解决世界难题提供中国智慧

长江文化不仅于中国而言有着无可比拟的价值，对于世界乃至全球都有意义。首先，作为四大文明古国之一，中国是唯一文明没有中断、没有消失的国家[③]。其中中华优秀传统文化的作用不可忽视，而作为中华文明起源之一、中华民族两大文化之一的长江文化所发挥的作用更是不可忽视。中华文明在起源之时兼收并蓄长江流域各种新石器时代文化的血脉精华，为后来文明的发展延续奠定了坚实的历史根基。从这一角度说，长江文化为中华文明和世界文明的延续做出了贡献、展现了价值。其次，深植于长江文化中的各种积极向

---

① 中共中央宣传部.习近平总书记系列重要讲话读本［M］.北京：学习出版社，人民出版社，2014.

② 习近平在中共中央政治局第十二次集体学习时的讲话［N］.人民日报，2014-01-01.

③ 黄国勤.长江文化的内涵、特征、价值与保护［J］.中国井冈山干部学院学报，2021，14（5）：45-51.

上、至善至美的理念、原则、精神等，不仅对中国的经济、社会、生态、文化具有促进作用，也将在"构建人类命运共同体"的伟大实践中，发挥更加重要的作用，展现更为独特的价值。长江文化具有的"顺其自然、开拓进取"的特质，道家庄子曾提出的"天人合一"哲学思想、"天地与我并生，万物与我为一"的境界，在与邻相处时彰显的以"和"为大道的思路等，不仅在当今中国致力于构建人类命运共同体之时，充分发挥其作用与价值，也将为世界经济、社会、生态、文化的发展做出贡献，为人类解决世界难题提供中国智慧。

（二）长江文化：区域协调发展的推动力量

长江横跨中国东西中三大区域，覆盖面积占全国的 21.4%。长江文化具有区域性的特质，从前文的考古角度之分析可以发现，其上、中、下游的文化是各自发展，共同汇聚成璀璨的长江文化。长江主体文化所在的每一个地域都有其自身的历史和地域文化。历史不曾停下匆忙的脚步，而长江流域各地人民所创造的文化也不曾停滞在某一刻。正是这些文化将位于不同历史时期的地域风貌留存下来，向世人展示了历史变迁中的地域发展过程，这些变化与其中蕴藏的内涵一代一代传承至今，形成了地域文化。我们可以说地域文化是经由长期积淀而形成的精髓，它代表了该区域的个性，向我们展示了该区域的文明是如何演进的。宏伟磅礴的长江文化正是由这区域文化共同构成，长江文化则是推动区域协调发展的指导力量。

1. 长江文化是推动区域经济高质量发展的重要力量

长江文化是推动经济社会发展的重要力量，为实现各区域经济的高质量发展提供智力支持。长江经济带横跨我国东、中、西三大区域，拥有广阔的发展空间和巨大潜力。改革开放以来，长江经济带的综合实力不断增强，具有强大的战略支撑作用。习近平总书记和李克强总理都谈到关于长江经济带的建设问题，加快长江经济带建设，推动长江经济带高质量发展已经成为国家战略。长江经济带的建设贯穿各个区域，对区域经济发展有着重要意义，有利于形成上、中、下游优势互补、协作互动格局，缩小东、中、西部地区发展差距，起到贯通中西，呼应南北的作用①。目前它的经济总量已占全国四成，可见其地位之重。长江经济带不仅仅涉及经济发展，很大程度上也是文化战略问题。不仅是一个区域的经济发展战略布局，更包括文化基础、文化人才、文化资源等不同体系②。经济带的建设离不开文化的支撑，文化在经济带的建设中起着"基底"的作用。实践证明，文化在区域经济的发展中有着极为重要的作用，一个整体的文化建设规划对于长江经济带建设是非常必要的。例如，黄河三角洲、珠江三角洲以及中原等经济区在其发展规划中都划分了单独章节对文化的发展建设进行规划，足以说明文化与经济建设密不可分。贺云翱在接受访谈中指出，长江文化能够成为长江经济带雄厚的建设基础，并且能够成为带动长江流域文化经济发展的基础，包括各类文化创意产业等，如南京夫子庙、武汉黄鹤楼、重庆白帝城等，这些文化资源在其建设中已经发挥了巨大作用。而长江沿线不同的区域文化能够在长江经济带中起到互相支持作用，消除经济发展带来的壁垒。长江经济带的建设离不开不断发展的长江文化的有力支撑，在长江经济带的规划中，通过充分挖掘不同区域独具的文化特色，在提升竞争力的同时也能高效利用好资源，为区域经济发展做出应有的贡献。

2. 长江文化是促进区域可持续发展的战略支撑

区域的可持续发展离不开对生态的保护。长江是世界水生生物最为丰富的河流之一，也是我国水资源配置的战略水源地，福泽全国。但随着长江沿岸经济的发展，长江的生态系统遭到了一定破坏，制约了经济社会的可持续发展。流域经济作为社会经济的基本形式，加强对长江流域生态文明建设刻不容缓。习近平总书记多次指出"绿水青山就是金山银山"。在重庆召开的长江经济带发展座谈会上，习近平总书记指出在当前和今后相当长的一个时期都要把修复长江的生态环境摆在压倒性位置，同时也明确提出"共抓大保护，不搞大

---

① 贺云翱，刘德奉.访谈：长江经济带建设必须重视文化发展［J］.中华文化论坛，2016（5）：7-15，191.

② 毕浩浩.论长江文化的时代价值及其创造性转化［J］.学习与实践，2021（5）：134-140.

开发"的指示①。长江流域经济的发展离不开文化的支撑,而践行习近平总书记提出的发展策略更离不开长江文化的参与。长江流域以其得天独厚的自然条件造就了中国流域文化的代表——长江文化。长江文化与水密不可分,其作为一种水文化,凝结了生活在长江流域的先民们"人与水和谐共生"的理念和智慧。先民们在与长江的相处过程中,经过实践而懂得如何更好地利用、保护水资源以及如何涵养水生态。习近平总书记指出"生态兴则文明兴,生态衰则文明衰",由此可见长江文化在漫长发展过程中与时俱进、生生不息的原因之一。这种"人水共生"的智慧,是实现长江流域可持续发展的指导力量。长江各区域实现可持续发展,离不开长江千百年来沉淀下来的生态文化的有力支撑。与此同时,依据长江文化而生的文化产业作为天然的绿色产业,是增强文化竞争力的重要推手,不仅能够平衡经济发展带来的资源损耗,提高非物质资源与可持续性资源的利用率,也对包含文化娱乐、旅游观光等方面的文化消费有促进作用,能创新经济发展模式,促进人与自然的和谐相处。长江文化对于长江经济带的平衡发展有着积极作用,是长江各区域可持续发展的战略支撑。

(三)长江文化:城市文脉传承之源

长江文化是大河文明的展示,体现了河流对于人类文明的价值所在。长江为城市的形成与发展提供了天然条件,也承载了城市文化以及在演变过程中不断丰富的城市历史文脉,由此可见河流是城市诞生的摇篮,孕育了城市文明。长江文化的形成可以从纵、横两个角度来分析,纵向来看是长江流域上、中、下游城市之间的互动,横向则是长江南北地区之间的互动,两者共同作用形成了长江文化,体现了长江文化作为水文化的流动与融通。

1.长江文化记载城市历史,彰显城市文脉

长江流经 11 个省级行政区,其中流经的主要城市有宜昌、重庆、武汉、南京和上海等。城市的演变历程与长江息息相关,与长江文化息息相关。城市是人们生活的文化空间,人类创造文化,而文化作为人类文明的实践成果,以

---

① 新华网.习近平:在深入推动长江经济带发展座谈会上的讲话〔EB/OL〕.〔2019-08-31〕.http://www.xinhuanet.com/politics/leaders/2019-08/31/c_1124945382.htm.

物质和精神两种形式存在于城市之中。长江文化源远流长，在其漫长的演进过程中，形成的物质文化成果及其空间形态表达随着时间的流逝一直留存至今。创造于不同城市的物化成果作为历史遗迹、文化印痕被留存下来，成为后人探寻历史、追寻过去的重要依据，是城市历史文脉的彰显。与此同时，非物质文化成果经由各种载体形式，通过各族人民的世代相传，存在于人们的生活之中，共同构成城市独特的记忆。

河流文化蕴含丰富的历史文化信息，见证并传递着文化，具有不可替代的价值，是自然界的大型史书。我们可以从遗址中找寻不同时期的城市历史和文化信息，找寻遗址记录的丰富文化记忆与文脉关系。近年来，位于四川省广汉市的三星堆遗址不断被发掘，文物用铿锵有力的声音诉说着城市的历史，诉说着中华民族的文化史。于南京发现的石头城遗迹、六朝都城遗迹、明代都城遗迹等，都是城市记忆的凝结，展现了城市的发展历程。2020年11月14日，习近平总书记在南京全面推动长江经济带发展座谈会上明确提出"要保护好长江文物和文化遗产，深入研究长江文化内涵，推动优秀传统文化创造性转化、创新性发展。要将长江的历史文化、山水文化与城乡发展相融合，突出地方特色，更多采用'微改造'的'绣花'功夫，对历史文化街区进行修复"①。历史文化街区作为可视的、显性的物质文化产物，代表了过去也连接着当下与未来，是城市文脉的重要体现。城市文脉的发展演化，不仅蕴含城市物质形态的延续更新，也蕴含城市更新迭代不断发展的精神文化的传承发扬。无论是物质形态的自然环境、建筑还是非物质的精神文化，都代表了不同时期的城市记忆。未来应充分挖掘长江文化，梳理发展脉络，更好地传承复兴城市历史文脉。

2. 长江文化是城市提炼特色、促进发展的重要源泉

文化是城市的灵魂。长江文化对城市发展起着极大的支撑、推动、聚合作用。一方面，长江文化是城市提炼特色的关键要素；另一方面，长江文化为城

---

① 新华网.习近平在全面推动长江经济带发展座谈会上强调 贯彻落实党的十九届五中全会精神 推动长江经济带高质量发展 韩正出席并讲话［EB/OL］.［2020-11-15］.http://www.xinhuanet.com/politics/leaders/2020-11/15/c_1126742700.htm.

市提供了丰富的人文旅游资源。城市历史文化遗存是前人智慧的积淀，是城市内涵、品质、特色的重要标志。正因此，习近平总书记强调："要妥善处理好保护和发展的关系，注重延续城市历史文脉。"① 长江绵延数千里，不同区域因其独特的自然环境与历史文化，展现出特有的城市风貌、建筑风格等。城市文脉如同生动的名片，它展示着城市的人文风貌，解读着城市的发展历程，表现着城市的总体面貌。城市所具有的风俗以及市民的个性，都是经由时间洗涤所沉淀下来，体现了都市文化的深厚底蕴。长江文化中蕴含的自强不息、扶危济困等中华传统美德，不畏列强、敢于斗争的抗争精神，以及团结和合、包容万象的理念等，不仅是人民不同生活方式和思维习惯的展现，也是人民的精神追求和行为准则，反映了各城市的独特风貌。正如冯骥才所说："城市中重要的文化遗产，纵向地记载着城市的史脉和传承，横向地展示着城市宽广深厚的阅历，并在纵横之间交织出城市独有的个性。"② 从地域组成上讲，长江文化包含的三大主体文化因地理位置和资源的不同，具有其独特风格。例如，吴越文化刚柔并济、秀外慧中，荆楚文化富含浪漫色彩，而巴蜀文化以精敏鬼黠、创新进取为特色。这些都是城市提取特色，展现独特风貌的重要文化来源。

　　长江文化中蕴含的城市文脉是一个城市的根与灵魂，展现了城市独具的鲜活特性，为城市提供丰富的人文旅游资源。例如，南京在梳理长江文化脉络的基础之上，通过对历史文化遗迹进行保护修缮、改造升级，将老镇街道打造成了一幅优美的"生态水岸景观"画卷，依据长江南京段的文化打造"长江传奇"游轮等举措，不断推动文化旅游业态升级。与此同时，南京提炼了古都文化、海丝文化、秦淮文化、山水文化、工业文化、红色文化、文学文化、儒释道文化的南京长江文化八大主题③，通过挖掘南京长江文化中蕴含的特色元素，塑造南京长江文化品牌。可以说南京的高质量发展离不开长江文化的支撑。

① 张毅，袁新文，张贺，等.保护好中华民族精神生生不息的根脉 [N].人民日报，2022-03-20（001）.
② 冯骥才.城市为什么需要记忆 [N].人民日报，2006-10-18（11）.
③ 马忠萍.南京多措并举推进长江文化与旅游融合发展 [N].中国旅游报，2021-11-11（004）.

第三章　长江国家文化公园规划

一、长江国家文化公园规划编制背景

（一）国家战略背景

长江是中国境内第一大河，它和黄河一样，都是中国人民的母亲河。长江在中华文明的起源和发展中起着极其重要的作用。它是中华文明多元融合的重要标志。它极大地丰富了中国文化的种类和分支，"江河互济"构成了中华民族共同的精神家园。建设长江国家文化公园，充分激活长江丰富的历史文化资源，系统阐发长江文化的精神内涵，深入发掘长江文化的时代价值，是深入贯彻习近平总书记有关国家文化公园的重要指示的要求，对丰富和完善国家文化系统，把中华文化作为一个重要标志，传承历史文脉，坚定文化自信，对于进一步提高中国文化品牌的传播能力和影响力，向世界展示中国文化的灿烂文化具有十分重要而深刻意义。

党的十八大以来，面对百年未有之大变局的新形势、新问题和新挑战，为实现中华民族伟大复兴，铸牢中华民族共同体意识、大力培育中华民族文化共同体认同是历史的必然选择。2017 年，中办、国办印发了《国家"十三五"时期文化发展改革规划纲要》，其中明确提出要在全国范围内规划建设一批国家文化公园，成为中华文化的一个重要标志，2019 年中办、国办印发了《长城、大运河、长征国家文化公园建设方案》；2020 年党的十九届五中全会上提出要建设长城、大运河、长征、黄河等国家文化公园。直至 2022 年 1 月 3 日，国家文化公园建设工作领导小组印发要部署长江国家文化公园的通知。国家文化公园的建设已由政策逐渐走向了实际，并一步步完善。

（二）区域发展要求

1. 长江国家文化公园需为长江经济带提供战略支撑

习近平总书记于 2016 年主持长江经济带发展座谈会至今已有六年之久，而推进长江经济带高质量发展也正处在攻坚克难、攀岩过坎的关键阶段。在这样的背景下，建好长江国家文化公园，坚持创造性转化和创新性发展，不断发掘好、利用好长江沿线丰富文物和文化资源，让文物说话、让历史说话、让文化说话，只有这样，才能真正地丰富和发展长江文化，才能更好地满足经济、社会发展的需求，为长江经济带的高质量发展提供强大的文化支持。长江国家文化公园应借助大范围、大尺度、大跨度上的时间与空间纵横交错，把各种文物、文化资源纳入长江文化的价值系统，使长江的文化价值得到集中放大，从而突出其文化价值[1]。在实现长江文化的综合性价值、对长江文化的进行继承与发扬的同时，带动长江沿线各个省份的经济增长，以达到文化支撑发展的目的。

以湖北、湖南、江西三省为例，鄂湘赣千里长江廊道是长江文明较为集中灿烂的体现。"两江两湖"（长江、汉江、洞庭湖、鄱阳湖）自然生态丰富，"三院三楼"（岳麓书院、白鹿洞书院、问津书院、黄鹤楼、岳阳楼、滕王阁）文化底蕴深厚，"一桥两坝"（武汉长江大桥、葛洲坝、三峡大坝）工程享誉世界，更有万里长江横渡的"红色经典"代代相传。在长江国家文化公园的建设背景下，三个省份共同建设长江国家文化公园，不仅是长江地区经济高质量发展的一个重要途径，同时也是促进长江中部地区城市一体化发展的一个重要举措。

2. 长江国家文化公园需实现经济与生态双重发展

随着长江经济带战略重要性不断提高，经济发展与生态保护这一主题始终

---

[1]　钟晟. 文化共同体、文化认同与国家文化公园建设 [J]. 江汉论坛, 2022（3）: 139-144.

贯穿其中，平衡好发展与保护之间的关系，促进二者协调发展的现实需求愈加迫切。长江经济带是中国最大的经济发展地区，横跨中国东部、中部至西部 11 个省市，其区域发展差异十分显著，沿江生态环境条件各不相同，在这样大范围的区域内，解决经济增长中的生态环境保护问题，既是重点也是难点①。

在此背景下，长江国家文化公园应通过顶层设计规划，统筹兼顾长江经济带发展和保护的有机统一，引导沿线各省市既关注局部又放眼整体。就省级层面而言，对比各省市出台的与长江经济带相关的政策，有相似的地方，也有各省市根据自身发展特点和资源环境情况制定的符合本省市实际的政策。纵观近年来长江经济带战略的实施情况，结合长江经济带经济、社会和生态环境的积极变化，整体而言，长江经济带发展与保护政策取得了巨大的成效。结合流域水资源特点。上中下游不同区域差异化的发展目标与保护任务，长江经济带所属的 11 个省市的政策及实践情况各不相同。长江经济带上游的重庆、四川、贵州、云南与长江国家文化公园新纳入建设范围的西藏、青海自然资源相对丰富但生态环境脆弱敏感，普遍面临经济环保双重压力，在国家主体功能区的定位下其政策偏向于保护；长江经济带中游的湖南、湖北、江西在流域自然和人文特性方面有过渡性和折中性，经济社会发展处于中等水平，但是农业面源污染生态统化问题较为严重，因此政策偏向于在保护中发展、在发展中保护；长江经济带下游的上海、浙江、江苏、安徽工业化和城镇化水平较高，经济实力强，面临资源缺乏、工业污染严重等问题，因此其政策偏向于高质量发展。

长期以来，研究区域生态环境保护与经济发展的协调可持续发展是世界范围内的一项重要课题，大江大河治理和流域经济发展也是各个国家和地区的普遍性难题。"长江国家文化公园 + 长江经济带"将通过实现长江流域的生态保护、经济发展为世界破解这道难题提供中国方案。

总之，推进长江国家文化公园建设，要推进国家相关部门建立跨流域长江国家文化公园的协调联动机制。建设长江沿线跨地区协调联动工作平台和专项

---

① 成金华．如何破解长江经济带经济发展与生态保护矛盾难题——评《长江经济带：发展与保护》[J]．生态经济，2022，38（3）：228-229.

工作小组，联合长江沿线地区的宣传、文化和旅游、自然资源、交通运输、水利、城乡建设等有关部门，促进长江全流域范围内各地区和部门间的协商协作，加强长江国家文化公园、长江经济带以及长江沿线城市生态文明建设的有效协调、统筹发展，在管理模式与协调方式上形成省市县全域全线一盘棋，实现长江上、中、下游区域协同发展、共建共享[①]。

二、其他国家文化公园规划借鉴

（一）中央层面

2021 年 8 月 8 日，国家文化公园建设工作领导小组印发《长城国家文化公园建设保护规划》《大运河国家文化公园建设保护规划》《长征国家文化公园建设保护规划》，要求各相关部门和沿线省份结合实际抓好贯彻落实。

对三个国家文化公园的建设保护规划进行研究可以发现，中央层面的总体规划从以下几个方面对国家文化公园建设进行了阐释：（1）规范建设区域。如长城国家文化公园明确建设范围为长城沿线 15 个省区市文物和文化资源，大运河国家文化公园明确建设范围为大运河沿线 8 个省市文物和文化资源、长征国家文化公园明确建设范围为长征沿线 15 个省区市文物和文化资源。（2）明确总体格局的建设原则。长城国家文化公园要求按照"核心点段支撑、线性廊道牵引、区域连片整合、形象整体展示"的原则构建总体空间格局，大运河国家文化公园按照"河为线、城为珠、珠串线、线带面"的思路优化总体功能布局，长征国家文化公园根据红军长征历程和行军线路构建总体空间框架。（3）确立建设重点。三大国家文化公园明确要重点建设四类主体功能区，推进重点工程、重点项目建设，着力将各自建设成呈现长城文化、大运河文化、长征文化的精神家园，并成为新时代宣传中国形象、展示中华文明、彰显文化自信的亮丽名片。（4）明晰总体要求。长城国家文化公园 2021 年年底、2023 年年底、2035 年为节点，大运河国家文化公园以 2021 年年底、2023 年年底、

---

① 陈思静.促进长江国家文化公园、长江经济带与长江生态文明建设相互协调［N］.中国艺术报，2022-03-09（005）.

2025 年为节点，分阶段提出了建设目标，长征国家文化公园虽然并未确立时间节点并据此设立建设目标，但却在规划方案中对长征国家文化公园的建设范围进行了细致的说明：构建了"一轴四线十四篇章"的整体空间框架和叙事体系，在此基础上，提出了 15 个省区市各有特色、四个主体功能区塑造空间、万里红路串千村带动振兴的总体规划。

因此可以得出，长江国家文化公园的建设保护规划也应从以上方面入手，呈现长江文化，弘扬长江精神，赓续中华文明的精神家园

（二）地方层面

《江苏省大运河国家文化公园建设保护规划》是全国第一个编制完成的省级国家文化公园专项规划，对全国文化公园的总体设计和实施进行了开拓性的探索，对大运河周边兄弟省份，以及长城、长征、黄河等国家文化遗产的规划和开发具有一定的参考价值。规划提出了"园、带、点"三个区域空间格局并以此为根本建设了大范围的线性国家文化公园空间展示系统，提出了"划定管控保护""主题展示""文旅融合""传统利用"四类功能分区，并提出了相应的建设保护要求。大运河国家文化公园和长江国家文化公园都是以河流为主题的国家文化公园，且国家文化公园作为大型线性遗产，对其进行分区域的建设开发是有必要的，借鉴"园、带、点"三种空间形态对长江国家文化共元进行空间展示事半功倍。

《北京市大运河国家文化公园建设保护规划》从 2021 年、2023 年、2025 年三个时间节点对大运河国家文化公园建设目标进行了安排，对建设范围、重点任务进行明确：（1）将推进"河道、水源""闸、桥梁""古遗址、古建筑"3 类大运河物质文化遗产与周边环境风貌、文化生态的整体性保护；（2）通过对大运河生态环境的恢复，建设"观水""近水"的滨水休闲空间，建设"水城共生""人水和谐"的大运河生态文化走廊；（3）推进部分通惠河河段和部分潮白河段的船舶航行；（4）逐步将不满足保护要求的设施、工程等沿线传统生活生产区进行整治，以提高环境质量和总体风貌；（5）推动沿线各省市通过大运河交流与合作，以文化交流推动区域协调发展。在长江国家文化公园的地方

规划中，同样应注意对物质文化遗产与周围风貌与生态的整体保护、推动未通杭河段通航、助推以文化带动发展的新方法。

黄河国家文化公园（陕西段）的建设与保护规划，突出文化建设，并明确了配合黄河国家文化公园的建设要求，建立了"一廊两地四带多园"文化保护传承弘扬格局，打造关中文化高地、红色革命高地，构筑渭河文化带、红色文化带、秦岭生态文化带、边塞文化带，建设各具特色的黄河文化展示园。

国家文化公园以"文化"为核心，建设规划中应将文化放在重中之重的地位，长江国家文化公园建设应发掘长江沿线的诸多文化，在形成各省份文化特色的同时，注重对长江文化的整体呈现。

着眼于市一级，2021年12月，《杭州大运河国家文化公园规划（草案）》正式发布，2022年1月杭州市批准了《杭州大运河国家文化公园规划》，通过这一文件，杭州大运河国家公园明确以"十条骨架河道"为核心，以"管控保护区""主题展示区""文旅融合区"为核心区域，辐射至传统利用区。构建"多规合一"的运河空间系统，形成文脉传承体系、蓝绿生态体系、特色景观体系三个国家文化公园核心体系及街道广场体系、慢行交通体系两个支撑体系（表3-1）。对空间进行系统规划，明确系统之间的关系，对于理性建设国家文化公园是十分重要的。

表 3-1　杭州市运河空间系统

多规合一体系		子系统
核心体系	文脉传承体系	风貌分区、文化展示体验结构、题名景观
	蓝绿生态体系	生态空间、线性生态廊道、公园绿地
	特色景观体系	城市地标、景观眺望系统
支撑体系	街道广场体系	特色街道、城市广场公园
	慢行交通体系	绿道系统、轨道交通系统、水运系统

尽管在《长城、大运河、长征国家文化公园建设方案》中明确是在沿线省份对区域内文物、文化资源系统摸底，编制分省份规划建议的基础上，中央通

过对这些分省份规划文件进行严格审核和有机整合，结合相关专项规划，分别编制长城、大运河、长征国家文化公园建设保护规划。但在具体实践中我们可以发现，部分地方层面的国家文化公园规划的出台滞后于中央层面国家文化公园规划的出台，因此在长江国家文化公园规划的制定中应注意在地方实践中总结经验，地方应该敢规划、会规划、能规划，实现长记国家文化公园建设方案的要求。

三、长江国家文化公园总体规划构思

长江国家文化公园的建设范围综合考虑长江干流区域和长江经济带区域，涉及 13 个省区市。2022 年 1 月 3 日，我国正式启动长江国家文化公园建设。下一步，国家文化公园建设工作领导小组将继续强化统筹协调，由中央各相关部门牵头成立工作机制、设定实际工作落实方案以及长期保护计划，指导有关省份制定本地区的总体规划，统筹安排，协调推进，有序实施，努力形成布局合理、特色鲜明、功能串联、开放共享的发展格局，保证长江国家文化公园的高质量发展建设[①]。若想实现高质量发展建设，应依据长江流域文物及文化资源分布、山形水势为基础，结合长江国家文化公园建设需求，构建"一廊三地四带"文化保护传承弘扬格局。

"一廊"即长江文化保护展示传承廊道。依托长江干流的自然生态资源、文化遗产和红色革命文化等资源，以沿长江观光公路为主轴，串联沿线文化遗产、水利遗产、农业遗产、历史文化名城名镇名村、传统村落等资源，打造西起青海，东至江苏，具有国际影响力的长江文化保护展示传承廊道。

"三地"指长江国家文化公园建设范围内拥有的三大文化高地，即巴蜀文化高地、荆楚文化高地、吴越文化高地。巴蜀文化高地以四川盆地为中心，整合青海、甘肃、陕西、湖北、湖南、贵州、云南、西藏等多地的文化遗产和文旅资源，依托巴蜀大地的悠久文化优势，展现古蜀文化遗存，打造具有根源

---

① 新华社 . 长江国家文化公园建设正式启动［DB/OL］.（2022-01-04）［2022-07-01］.https：//www.mct.gov.cn/whzx/whyw/202201/t20220104_930253.htm.

性、代表性、延续性和融合性的巴蜀文化高地；荆楚文化高地以洞庭湖、湘江为中心，依托当今以湖北地域为主体的历史文化，展现中原文化与南方民族文化持续数千年的融汇与复合，打造荆楚文化高地，持续引领中华文明保护传承弘扬大格局；吴越文化高地以太湖流域为中心，其范围涵盖上海、江苏南部、浙江、安徽南部、江西东北部，扎根于河姆渡文化、良渚文化等源远流长的史前文化，展现兼收并蓄又极具个性的中华文化，打造吴越文化高地，对中华文明的核心精神与丰富内涵有重要意义。

"四带"指青铜文化带、生态文化带、红色文化带、丝绸文化带。青铜文化带涌现在长江上、中、下游地区，诉说时代的故事，打造以三星堆遗址、成都金沙遗址、曾侯乙大墓等为代表的青铜文化带，窥见古人精神；生态文化带和谐地存在于长江流域，推动长江生态与历史文化空间的立体化保护，凸显长江的生态价值和文化价值，汇集森林文化、湿地文化、江河湖泊文化、茶文化于一体多种文化，打造生态文化带；红色文化带闪耀于长江上、中、下游，整合重庆红岩村、武汉汉阳区、上海、浙江嘉兴、江西瑞金等红色文化资源，打造红色文化与旅游休闲、研学教育、乡村振兴深度融合的红色文化带；丝绸文化带散落长江流域，良渚文化、河姆渡文化等见证了我国丝绸悠久的历史，协同四川蜀绣、湖南湘绣、苏州苏绣等刺绣文化，串联杭州、苏州、湖州、吴江盛泽、嘉兴、无锡与南充七大绸都，打造丝绸文化带。

四、地方有关长江的规划

（一）长江上游

1. 重庆市

2022 年 3 月 18 日，重庆市印发《重庆市文化和旅游发展"十四五"规划》要求加强文化遗产保护传承与利用：（1）加强革命文物保护传承。扎实革命文物的基础保护工作，制定、印发了《重庆市革命文物保护利用总体规划》，并将红色文化遗产分批公布。大力实施红岩革命遗址保护和传承工程，加强对"红色三岩"红岩村、曾家岩和虎头岩的保护和提高，加强对歌乐山红岩革命旧址密集区环境整治。（2）加强考古发掘与研究。实施考古发掘重大项目，加强"考古中国"巴蜀文明进程研究、石窟寺考古、宋元（蒙）山城遗址考古等考古研究发掘工作。推进长江文化系列考古工作：持续推进钓鱼城国家考古遗址公园建设；重点推进奉节白帝城、万州天生城、巫山龙骨坡、云阳磐石城、忠县皇华城、涪陵龟陵城、涪陵小田溪墓群、江津石佛寺与朝源观、永川汉东城、两江新区多功城、丰都高家镇等考古遗址保护展示工程建设，打造长江三峡国家考古遗址公园。（3）加强文物保护与利用。加强石窟寺保护利用，实施石窟寺保护展示精品工程。加强主城都市区"两江四岸"文物保护利用，重点实施渝中半岛、南滨路等片区文物保护活化利用项目。加强三峡文物的保护与利用，实施三年三峡出土文物修缮工程，推动"钓鱼城""白鹤梁题刻"等遗址有关国家文化遗产的申报工作，积极探索长江三峡地区保护利用示范区建设。

2022年1月6日—3月27日，《重庆日报》推出了"文化长江巴渝风"全媒体系列报道，从诗歌、美术、古建、古城、石刻、戏曲、音乐、美食、非遗9个方面，讲述重庆蕴含的长江文化。

2021年6月17日，重庆市人民政府印发《重庆市筑牢长江上游重要生态屏障"十四五"建设规划（2021—2025年）》，并对重庆市"十四五"时期巩固长江生态屏障的总体目标、任务措施和重点项目进行了论述。立足于重庆的全局，与周边生态相邻区域紧密联系，根据重庆市"一区两群"的生态本底、生态功能、生态需求，提出建设长江、嘉陵江、乌江、大巴山、巫山、武陵山、大娄山为核心，以平行山岭、次级河流、生态廊道为主要支脉，将重要独立山体、大中型湖库、各种天然保护地为补充的"三带四屏多廊多点"的复合型、立体化、网络化生态屏障格局。

2. 四川省

2021年9月14日，四川省印发《四川省"十四五"城市市政基础设施建设规划》，明确统筹城市水系统、绿色生态网络系统建设，加强长江—金沙江、黄河、嘉陵江、岷江—大渡河、沱江、雅砻江、涪江、渠江等江河干支流在城区段的硬质驳岸生态化改造，加强河道系统清淤疏堵，重塑健康自然的弯曲河岸线，增大城市河湖水系、湿地等雨洪消纳滞蓄空间，营造多样性生物生存环境，建设蓝绿融合、连续完整的生态基础设施，提升生态系统质量和稳定性，构建人与自然和谐共生的城市。

2021年12月，《四川省国土空间生态修复规划（2021—2035年）（征求意见稿）》提出，围绕四川省长江—黄河上游生态屏障的战略地位，在"两廊四区八带多点"国土空间生态安全格局的基础上，构建"四区九川"国土空间生态修复总体格局。"四区"为横断山区、秦巴山区、川东平行岭谷区和乌蒙山—大娄山区，"九川"为金沙江、雅砻江、大渡河、岷江、沱江、涪江、嘉陵江、渠江、赤水河。以长江中上游、横断山区、若尔盖、大巴山区等重点区域为指引，以推动国土空间整体保护、系统修复、综合治理为导向，谋划布局"10+1+1"重点工程，协同解决突出生态问题、恢复受损生态系统功能、改善生态系统质量、增强生态碳汇能力，扎实推进生物多样性保护，切实筑牢长江、黄河上游生态屏障，夯实"两廊四区八带多点"生态安全格局。

四川省泸州市对建设长江国家文化公园做出了积极响应。2022年2月17日下午，在四川省泸州市举行了长江国家文化公园建设专家咨询会议，市委常委、宣传部部长徐利表示，"长江国家文化公园"是一项国家重点发展的文化工程，要从政治上提高认识，充分认识建设长江文化公园的重要性。各级各部门要抓紧时间与机会，做好充分的调研工作，高标准、高质量地做好长江国家公园（泸州段）的总体规划，统筹谋划，全面推进。要加大调查力度，充分挖掘泸州长江文化的文化内涵，努力传承、保护、活化泸州长江文化；要突出重点，将长江国家文化公园（泸州段）建设和泸州市的"文化涵养工程"结合起来，通过两者的合力来推动泸州的形象建设和宣传，不断提高其影响力，使泸州文化的软实力成为新时期的核心竞争力。

3. 贵州省

2021年10月12日，贵州省印发《贵州省"十四五"文化和旅游发展规划》要求：（1）完善文化遗产保护传承利用体系。坚持保护优先，加强对民族、红色、生态、阳明等文化遗产的发掘调查与保护，在保护中发展、发展中保护，充分发挥文化遗产保护在文化传承中的重要作用，使文化遗产保护成果更多惠及人民群众。（2）培育"黔系"文化产业体系。深化改革创新，加强文化市场体系建设，培育壮大文化市场主体，塑出贵州地域文化特色，扩大优质文化产品供给，实施文化产业数字化战略，加快发展新型文化企业、文化业态、文化消费模式，建立富有创意、竞争力强、效益突出的黔系列文化产业体系。加强与长江沿线省份，川、滇、藏和渝等省域区域合作，参与构建长江文化产业带和西南民族特色文化产业带。

2022年1月，贵州省印发《贵州省"十四五"水运交通发展规划》，明确加快"两主三辅"通道建设，打通主通道，发展多种联运，发挥各类运输方式的比较优势和组合效果，积极融入"长江经济带"。

4. 云南省

2021年10月，云南省发布《云南省"十四五"文化和旅游新业态发展专项规划（征求意见稿）》提出要发展水电生态旅游新业态：（1）依托金沙江、澜沧江、南盘江流域的水电站，探索"电站观光+"发展模式，构建新业态。特别是积极融入国家长江经济带发展战略，以金沙江中下游的金安桥、龙开口、鲁地拉、观音岩、乌东德、白鹤滩、溪洛渡、向家坝等大型电站建设形成的"高峡出平湖"风光，积极发展电站观光、峡谷穿越、研学科考、滨湖度假等水电生态旅游新业态新产品。（2）依托高峡平湖景观本底，重点开发金沙江水岸旅游线路，培育打造水上特技滑水表演、滨江实景旅游演艺及体育旅游赛事，形成水电生态旅游产业聚集区，进一步提高金沙江生态旅游的知名度、吸引力和市场竞争力，打造"长江国际黄金旅游带"的重要构成部分。

2019年11月1日，经省人民政府同意，云南省印发《云南省长江经济带发展负面清单指南实施细则（试行）》，明确云南省的经济发展要在生态保护红线、岸线保留区之外。

5. 西藏自治区

2022年1月，西藏自治区发布《西藏自治区"十四五"时期特色文化产业发展规划》（以下简称《规划》）。《规划》明确了七个方面的主要任务：一是强化民族精神，用社会主义核心价值观引导西藏特色文化产业的发展；二是加快供给侧改革，优化升级文化产业结构；三是坚持守正创新；大力打造区域特色品牌；四是优化完善布局，加快推动产业集聚发展；五是加快主体培育，全面助推产业提质增效；六是加快资源清点与整合，加强特色文化产业保护传承；七是推动对外文化交流，培育开拓文化消费市场。《规划》特别提出，要大力推进特色文化产业的发展，大力塑造"文创西藏"在文化和旅游领域产业的金色名片，加快推进"文创西藏 1+74"特色文化产业培育工程等。"十四五"时期，要完成全区 74 个县（区）特色文化资源的普查与清点，积极争取财政扶持，按每年两到四个县（区）创建各具特色的县（区）文化（文创）主打产品，努力提高西藏文化产业的综合实力和竞争力，提高文化产业发展的质量和效益。

2021 年西藏自治区旅游工作会上说明，未来五年，西藏自治区旅游部门将按照区党委、区政府的统一部署，进一步贯彻落实习近平总书记关于西藏工作的重要讲话和新时期党的治藏方略，认真贯彻落实中央第七次西藏工作座谈会精神，以"四个全面"的战略布局和新发展理念为指导，抓住战略机遇，坚持"特色、高端、精品"发展路径，打好特色牌、走好高端路、建好精品区、唱好全域戏，加快提升重要的世界旅游目的地内涵。

（1）构建高原丝绸之路旅游地区经济带，构建全方位、多层次、复合型的互联互通网络，紧抓国家"一带一路"倡议的实施和南亚大通道的建设，加强与周边省区市和南亚地区互联互通合作，积极发展"茶马古道"和"唐竺古道"两个廊道经济。在规划、政策、资金、项目等方面争取国家层面支持对两个廊道经济建设的资金，以及对青藏铁路、青藏公路、川藏铁路、川藏公路、滇藏公路（214、219）、新藏公路以及中尼口岸公路沿线旅游开发的支持。

（2）以拉萨国际旅游文化城市、林芝国际生态旅游示范区、冈底斯国际旅游合作区（中尼文化旅游合作园区）、全域旅游示范区建设等为重点，到 2025 年年末，争取新增 5A 级旅游景区 3 家，新增 4A 级旅游景区 20 家，新增 3A

级旅游景区 45 家，新增国家级旅游度假区 2 个，新增国家全域旅游示范区市级 2 个、示范县级 10 个，创建国家 5C 和 4C 自驾车旅居车营地 5 个，新增省级旅游度假区 10 个，新增自治区级绿色、康养旅游示范基地 15 个。

（3）以乡村振兴为目标，大力发展乡村旅游，争取在"十四五"规划期间，建设和提升特色旅游乡镇 20 个、全国乡村旅游重点村和国家边境旅游示范村 70 个，建成 400 个具备接待能力的旅游点。

（4）加强基础设施建设，采取中央预算内投资、中央财政资金、援藏资金、国家旅游发展基金、政府专项债券、企业投资等多种渠道积极筹措资金，全面开展旅游基础设施标准化规范化建设，力争新建改扩建游客服务中心不少于 79 个，新建改扩建通景道路 64 条，新建改扩建旅游停车场不少于 165 个，进行充电设施改造的现有旅游停车场不少于 80 个，新建改扩建旅游公共厕所 203 个，显著改善旅游基础设施条件。

（5）推动对内对外开放，从国家层面上支持吉隆和普兰边境口岸（城镇）为重要节点，培育中尼跨境旅游示范区，并在两国旅游合作园区内开展旅游资源开发、旅游商品研发、旅游宣传促销、跨境旅游等试点工作。加强建设无障碍旅游区，推进落实全国游客凭身份证在西藏全境旅游；协调联系相关部门建立和完善入境旅游多部门联审联批平台，进一步优化简化在藏、进藏旅游手续。

6. 青海省

2021 年 12 月 11 日，青海省印发《青海省"十四五"文化和旅游发展规划》，明确要加强与《青海省国民经济和社会发展第十四个五年规划和二〇三五年远景目标纲要》以及生态环境、国土空间、林草等专项规划的有机衔接，围绕打造国际生态旅游目的地，形成点线面有机结合的"一环六区两廊多点"文化旅游发展总体布局："一环"指结合国家生态文明战略，依托山地森林、湿地湖泊、草原冰川和地域文化等，串联青海湖、塔尔寺、茶卡盐湖、金银滩、祁连山、昆仑山等自然人文景观；"六区"指发展青海湖、三江源、祁连风光、昆仑溯源、河湟文化、青甘川黄河风情六大文化旅游协作区。依托

"六区"独具特色的生态文化旅游资源，打造江河源头生态观光、高原科考探险、生态体验和自然生态教育等生态旅游品牌，锻造河湟文化、红色文化、热贡文化、格萨尔文化、昆仑文化等多元文化品牌；"两廊"指建设青藏世界屋脊文化旅游廊道和唐蕃古道文化旅游廊道；"多点"指以旅游景区、旅游休闲街区、文化场馆、艺术演艺空间、产业园区、乡村旅游接待点、旅游驿站、交通枢纽等共同组成旅游集聚节点。青海省同样在此文件中围绕黄河、长征、长城说明了推进措施（表3-2）。

表3-2 《青海省"十四五"文化和旅游发展规划》中国家公园建设部分内容

专栏5　国家文化公园建设
展示场馆建设工程：在贵德县、同仁市等地建设一批黄河流域人文生态博物馆；建设大通、贵德、互助、湟中、乐都5座长城文化博物馆；新建青海长征（班玛）国家文化公园纪念馆。
国家文化公园复合廊道建设工程：建设西宁、海东、玛沁、共和、海晏、同仁6条黄河国家文化公园复合廊道；建设大通、贵德、互助长城文化科普教育馆及基础设施等。
文化内涵挖掘研究工程：组织省内文化研究机构开展黄河、长城、长征文化研究，出版发行黄河、长城、长征系列丛书，创作《大河之源》《长城记忆》《红军在班玛》等系列文艺作品。

2021年12月30日，青海省政府印发了《中华水塔水生态保护规划》，对中华水塔水生态的特点、存在的问题、现状进行了系统的分析，并围绕生态与民生的底线要求，提出了中华水塔水生态保护的规划范围、目标任务、总体布局、重大项目和重大工程。该文件提出了中华水塔水资源保护的流域划分与功能区划分。在流域划分上，以长江流域、黄河流域、澜沧江流域和内陆河流域为依据，根据流域的功能划分，建立流域的水生态保护总体布局。在功能分区上，从源头保护入手，涵养水源，统筹生态保护和民生发展，从源头保育区、涵养保护区、和谐共生区三个区域构成中华水塔水生态保护的纵向格局。

（二）长江中游

1. 江西省

2021年9月17日，江西省人民政府办公厅印发《江西省"十四五"文化和旅游发展规划》要求：（1）将文化和旅游融合发展作为主线，以井冈山——中国革命的摇篮，南昌——人民军队的摇篮，瑞金——共和国的摇篮，安源——中国工人运动的发祥地等革命文化资源，打造红色文化和旅游体验带，建设红色旅游首选地；（2）"庐山天下悠、三清天下秀、龙虎天下绝"以及鄱阳湖国家湿地公园等绿色生态资源，建设自然、人文、生态于一体的旅游体验带，从而创建最美生态旅游目的地；（3）围绕"陶瓷文化""戏曲文化""书院文化""中医药文化""客家文化"等古色文化资源，建设中华优秀文化体验区与体验基地。

2022 年 1 月 20 日，江西省印发《江西省"十四五"国土空间生态修复规划》，要求以长江干流岸线河流湿地修复整治为主攻方向，努力构建长江经济带江西绿色生态廊道。开展河岸码头治理、河道清淤、河岸复绿，推动湿地公园和湖湾港汊整治修复。推动长江干流江西段—鄱阳湖入江口沿湖沿岸河网水系连通及沿岸生态缓冲带建设，推进沿湖沿岸小流域水土流失治理和湿地生态系统修复，开展沿湖沿岸重要山塘水库和水源地生态保护修复。

2021 年 1 月 7 日，江西省政府新闻办和省发改委（省长江办）联合举行了关于江西省推进长江经济带发展战略的新闻发布会。会议指出，要继续推进全省长江地区的城市污水、生活垃圾的治理工作，加快城市污水管网的建设、处理城市污水和垃圾焚烧设施的建设、强化对城市污水和垃圾处理设施的运行管理，为长江经济带"共抓大保护、不搞大开发"坚持奋斗。

江西省九江市对于建设长江国家文化公园反应迅速。2022 年 3 月 16 日，江西省九江市委副书记、市长杨文斌主持召开长江国家文化公园（九江段）设计修改方案视频汇报会，长江国家文化公园（九江段）工程从琵琶亭到新开河，全长 11 公里，一期工程从琵琶亭到海关，总长度 5.9 公里，以建筑风貌、工程材料、文化特色、景观标识等为核心元素，形神兼备、形神结合，全力打造长江国家文化公园（九江段）。会议提出，要以人为本，通过景观区和体验区的开发与建设，把长江文化公园（九江）11 公里岸线的各种元素进行连接，提高其普惠性、观赏性和标志性，促进长江岸线与城市更新、交通路网、文化旅游深度融合，进一步展示"千里长江最美岸线，千年浔阳文化窗口，庐山品牌示范工程"的独特魅力。

2. 湖北省

2021 年 11 月 26 日，湖北省印发《湖北省长江经济带绿色发展"十四五"规划》，要明确长江生态环境修复工作的重中之重，要统筹好水、林、湖等多种生态因素，构建全方位保护、全流域修复、全社会参与的长江生态共同体。

2022 年 1 月 3 日，在国家文化公园建设工作领导小组印发通知，部署启动长江国家文化公园建设后，1 月 11 日，武汉市两会期间，"争创长江国家文化公园先行区"写进政府工作报告。1 月 19 日，湖北省两会时间开启，"长江国家文化公园"引起多位代表委员热议[①]。委员们纷纷表示，武汉应积极挖掘长江文化底蕴，构建长江文化 IP 体系，在创建长江国家文化公园先行区上勇挑重担。坐拥长江是湖北的标志，荆楚大地拥有与长江相关的一系列红色文化、历史文化、建筑文化、码头文化资源，通过争创长江国家文化公园，大力促进保护与传承长江文化。武汉地处两江交汇处，165 条河流交错纵横，166 个湖泊散落分布，是我国内陆水资源最为丰富的大型城市，也是世界上同纬度最具代表性的湿地城市。武汉将创建长江国家文化公园先行示范区，与此同时，武汉将创建国际湿地城市，形成又一张城市名片，进一步强化湿地保护与修复，维护湿地生物多样性，打造一批示范"小微湿地"。1 月 13 日，湖北省自然资源厅印发《省国土空间生态修复规划（2021—2035 年）》，依据规划，为充分彰显荆楚文化特点，湖北省将以武汉为先行区，争创长江国家文化公园。

3. 湖南省

2022 年 2 月 15 日，湖南省印发《湖南省贯彻落实〈中华人民共和国长江保护法〉实施方案》，明确了五大类 24 项具体任务。一是要加强对生态环境的系统控制，加强统筹协调。要加强国土空间的控制，加强对生态环境的控

---

① 毛丽萍，孙龙.争创长江国家文化公园"先行示范区"［N］.人民政协报，2022-01-17（004）.

制，构建环境突发事件的联动机制。二是要坚持保护资源，促进高层次的资源保护和高效使用。要强化水资源的保护和利用，要强化饮用水资源的保护，要强化地下水的保护，要建立起一个防洪减灾系统，要加强对湿地与生物多样性的保护和管理。三是坚持治理水污染，加大治理力度。建立污染物排放标准；深入推进农村生活污水、农村非点源污染、化学污染、尾矿库污染防治。四是要加强生态环境的恢复，以促进生态系统的健康发展。通过对河湖系统的连接、河道的恢复、湖泊的恢复、禁渔、退捕、强化水土保持、深化生态环境保护与修复、一江一湖四水联合治理，建立健全生态环境损害赔偿机制。五是要坚持绿色发展，加快高质量发展。促进地区经济的协调发展，促进全面的绿色转型，促进绿色生活方式的发展。

2022年3月9日下午，湖南省岳阳市召开长江国家文化公园（岳阳段）建设课题调研座谈会。3月22日，岳阳市文旅广电局局长李卫兵带队到平江县调研岳阳市长江国家文化公园建设工作。

（三）长江下游

1.上海市

2021年9月2日，发布了《上海市社会主义国际文化大都市建设"十四五"规划》，提出要完善中华优秀文化的传承体系，传承历史文化，挖掘文化资源，创新文化传承方式，加强弘扬红色文化、海派文化、江南文化，用城市精神滋养提升城市品格，推动城市文化深耕厚植、成风化人，不断增强广大人民对上海拥有的文化的认同感、归属感、自豪感：（1）大力弘扬红色文化。以中国共产党成立100周年为契机，充分利用上海作为中国共产党诞生地的优势，协同推进建立"不忘初心、牢记使命"制度的探索实践。深入开展"党的诞生地"发掘宣传工程、"党的诞生地"红色文化传承弘扬工程与革命文物保护利用工程，建设中国共产党第一次全国代表大会纪念馆，建设"党的诞生地主题出版中心"，推动红色题材文艺作品和出版物创作生产。（2）彰显海派文化特质。将城市历史积淀与未来发展定位紧密结合，诠释和丰富"海纳百川、追求卓越、开明睿智、大气谦和"的城市精神和"开放、创新、包容"的城市品格新时代内涵，推动城市精神和城市品格深入人心，转化为市民的思维方式、行为规范、人文情怀和文化气质，挖掘重大历史事件题材，整理上海名人资源，创新陈列载体形式，突出显示上海现代科技在社会科学与自然科学领域发展的成果，扶持一批以展示上海历史文化名人形象为主题的文化节庆活动。加强对地方志编纂和开发利用。（3）传承江南文化基因。健全江南文化保护体系，加强江南历史文化的保护。构建江南文化的国家学术高地，培养江南文化的专门研究机构，推动江南文化研究学术成果应用转化。深化区域合作，建设长三角地区江南文化研究的学术共同体，促进江南文化的高水平学术交流。积极参与海上丝绸之路的相关申遗工作，积极推进江南水乡古镇的申请世界文化遗产工作，搞好青龙镇遗址的考古保护与利用事宜。（4）保护历史文化遗产。加大文物保护力度，完善文物安全管理机制，编制建筑类不可移动文物分类保护导则，重点保护好各级不可移动文物、优秀历史建筑和工业遗产等。支持技术研发创新，打造国际一流的文物保护修复研究基地，确保重点文物的保存率100%，重大险情排除率100%。积极发展民间合法收藏品，推进社会文物管理体制改革，提高社会文物管理工作水平。（5）发展优秀传统文化。深入推进"中华优秀传统文化传承发展工程"，坚持走活态传承、科技赋能、品牌塑造的非遗保护传承之路，健全非物质文化遗产代表性项目和代表性传承人名录体系，开展中国非遗传承人研修研习培训计划。进一步推进"非遗进校园"示范点建设，试点培育非遗传承普及特色中小学校。推动上海大世界非遗内容建设，在全市培育一批"非遗在社区"示范点和示范项目。推动非遗合理利用，深化非遗旅游观光线路。突出"我们的节日"品牌效应，扩大民族传统节日文化活动的内涵和参与形式。

2021年7月30日，上海市政府印发《全力打响"上海文化"品牌　深化建设社会主义国际文化大都市三年行动计划（2021—2023年）》要求：（1）红色文化传承弘扬中彰显"上海文化"品牌建设凝心铸魂作用。深入发掘宣传"党的诞生地"，持续提升红色资源传承弘扬和保护利用水平。（2）在海派文化传播提升中彰显"上海文化"品牌建设聚力汇智作用。持续深入海派文化研究持续深入，传承弘扬城市精神品格，持续提升国际传播交流能力，不断涌现文艺精品力作，持续扩大文化节日会展影响力，推动文化数字化转型取得成效。（3）在江南文化发掘创新中彰显"上海文化"品牌建设培根固本作用。江南文化城市文脉深入传承，历史文化风貌保护体系不断健全，文物遗址保护水平持续提升，非物质文化遗产得到活态传承发展。

2021 年 7 月 9 日，上海市印发了《关于进一步加强本市长江流域自然资源执法工作的通知》，要坚决执行"长牙齿"的严格执法措施，依法从严、坚决打击长江流域自然资源违法犯罪，坚持以"严起来"思想贯穿于自然资源执法工作。首先对上海市长江流域违法用地、违法采矿的情况进行调查摸底，之后强化查处整改，做到稳步推进上海市长江干流及重要支流、重要湖泊沿线范围内的违法用地、违法采矿的整治工作，从而保护上海市的自然资源环境。

此外，上海市人民政府还发布了《崇明世界级生态岛发展规划纲要（2021—2035 年）》，该规划的目标是进一步贯彻实施"长三角""三省一市"的发展战略，严格执行"长江大保护"的要求，促进长江生态环境的"共管"。根据《中华人民共和国长江保护法》《长江经济带发展规划纲要》《长江三角洲区域一体化发展规划纲要》的规定，积极探索流域及其上下游合作机制，加强流域生态环境科学研究，加强对流域生态环境的联合监测、监督、执法，加强区域治理协调，推动流域信息共享、污染共治、生态共保，完善跨行政区重大环境污染事件的应急联动机制与保障。加强长江口区域的绿色发展战略协调。推进东平—海永—启隆三镇协调发展，构建跨地区崇明国际生态岛的统筹协调机制，对建设用地总量、建筑高度、建筑风貌、人口规模进行协调控制。加强跨行政区划的联合执法，建设长江口综合整治战略协调区。建成后，崇明生态岛环岛将能举办大型运动项目，如环岛自行车赛、长江马拉松，让市民和游客尽情享受长江百里生态秀带的美丽。

2. 江苏省

2021 年 10 月 15 日，江苏省政府办公厅印发《江苏省"十四五"文化和旅游发展规划》，要求：（1）彰显"水 + 文化"鲜明融合特质。依托江苏的滚滚江流、稠密的河网、温暖的湖泊、浩瀚的海洋，将旅游景点、旅游遗址串联起来，发挥江海河湖通达四方优势，打造一批跨区域的世界级、国家级旅游景区、度假区和旅游走廊；发掘吴文化、楚汉文化、金陵文化、淮扬文化、大运河文化、海洋文化、长江文化、江南文化等区域文化传承弘扬高地，将大运河的繁荣、黄海的辽阔、长江的壮丽，太湖的柔美，里下河的乡愁等充分展现，凸显江苏的大气、温润的文化形象，生动展示江苏的大气、祥和的人文风情。

（2）构建东方魅力绽放的特色文旅空间。对诗意山水文化旅游的特色资源进行系统的梳理，依托大运河、海岸线、东西延伸的扬子江陆桥和东部陆桥协同发展带，加上点缀其中的太湖和洪泽湖，打造世界级的旅游胜地，展现江苏的多元文化魅力，打造具有高能级、高标识度、强带动力的"两廊两带两区"的文旅空间格局。培育和建设世界一流的滨海生态旅游走廊，依托中国黄（渤）海候鸟栖息地世界自然遗产，立足于绵延千里的海岸线和亚洲沿海面积最大、生态保护状态最好的湿地，打造滨海度假区、亲海风情镇、牧海渔家村、近海观光线路，连接连云港的"山海相连，港城相连"、盐城的"美丽世遗，栖息天堂"、南通的"江海交汇，文旅融合"，打造最具人文魅力的滨海海岸带和具有世界影响的滨海旅游带。

根据《中华人民共和国环境影响评价法》《规划环境影响评价条例》《环境影响评价公众参与办法》等法律法规要求，江苏省于 2021 年 11 月印发了《长江口综合规划（2021—2035 年）》，其中包含了对长江口的河道整治规划、防洪（潮）规划、航道规划、淡水资源利用规划、滩涂资源保护与利用规划、岸线保护和利用规划、水利管理规划等多方面、多角度规划。

2020 年 4 月 1 日上午，江苏省政府举行《〈长江三角洲区域一体化发展规划纲要〉江苏实施方案》新闻发布会，《江苏实施方案》共分为总体要求、区域联动、重点任务、组织保障四个部分，从构建创新产业体系，推进基础设施互联互通，加强生态环境保护与治理，加快公共服务便利共享，全面扩大对外开放合作，创新一体化发展体制机制以及合作建设长三角生态环保一体化发展示范区等 7 个方面，明确了 51 条重点工作任务。

3. 浙江省

2021年5月20日，浙江省印发《浙江省旅游业发展"十四五"规划》，要求深化文化和旅游融合发展，打通文化和旅游融合主路径：（1）推进"优秀传统文化＋旅游"。依托浙江特有的文化资源，把西湖文化、大运河、良渚古城遗址等文化名胜进行进一步宣传，高质量打造"四条诗路"文化带以及浙江省大运河文化园区，打造上山文化、河姆渡文化、宋韵文化、南孔文化、和合文化、古越文化、吴越文化、丝瓷茶文化、江南水乡古镇文化等充满浙江特色的文化标志，充分展现浙江文化；充分发挥浙江历史名人的资源优势，建设"阳明故里""书圣之乡""刘伯温故里""西施故里""鲁迅故里"等主题游路线以及研学旅游胜地。（2）推进"革命文化＋旅游"。以中国共产党建党100周年为契机，发挥浙江省作为中国革命红船起航地的优势，加强革命文物保护利用，传承红色基因，努力打造全国红色旅游胜地。（3）推进"社会主义先进文化＋旅游"。以新中国史、改革开放史，特别是"八八战略"[①]实施以来全省有影响力的重大标志性成果为重点。

2022年4月8日，浙江省印发《浙江高质量推动长江经济带发展实施方案（2022—2025）》，该方案坚持"生态优先、绿色发展"，突出"共抓大保护、不搞大开发"，认真落实"五新三主"战略部署要求和国家方案各项任务。以2025年为时间节点，明确生态环境综合整治、绿色低碳转型发展、创新驱动产业升级、对外开放合作共赢和城乡区域协调发展五个方面建设目标。

依照《长江三角洲区域一体化发展规划纲要》，浙江将在数字经济发展中发挥引领作用，在全国范围内创建"数字经济"创新高地，协同推动长三角区域生态、绿色一体化发展。浙江以数字长三角为核心，大力发展"三区三中心"。"三区"是推动数字产业发展的领头区、产业数字化转型示范区、数字经济体制机制创新的先导区。"三中心"是指加快发展"科技创新中心""新型贸易中心""新兴金融中心"。

---

① 编者按："八八战略"是2003年7月，中共浙江省委在第十一届四次全体（扩大）会议上提出的面向未来发展的八项举措。

2017年9月6日，由浙江省发改委牵头编制的《浙江省长江经济带发展实施规划》正式印发实施。该文件从浙江的自身优势出发，提出长江经济带建设要充分发挥生态文明建设示范区、创新驱动发展先行区、陆海联动发展枢纽区、转型发展重要增长极"四大战略定位"的作用，明确了以杭州都市区和宁波都市区为中心，以义甬舟（义乌、宁波、舟山）开放大通道建设以及沿海开发带高能平台发展建设，强化与海洋经济区，浙、皖、闽、赣四省生态旅游合作区以及太湖地区的协调发展，构建将"两核两带三区"作为核心的空间发展模式，着力打造长江沿线生态廊道、舟山江海联运服务中心、义甬舟开放大通道等七个角度的工作。

4. 安徽省

2020年8月18日，安徽省印发《安徽省"十四五"文化和旅游发展规划》要求：（1）夯实文物保护基础。第一，摸清文物家底，推进文物的普查、认定、登记和申报工作。开展世界文化遗产保护项目，支持黄山市参与"万里茶道保护和申报世界文化遗产城市联盟"保护与申报工作，并将有关的遗产项目列入中国"万里茶道"候选名录。申请国家第九批重点文物保护单位，并申请省政府公开列入第九批省级文物保护单位的名单。建立文物资源核查制度，定期开展全省文物资源核查专项行动。加强地下文物埋藏区的勘察与认定，建立相应的保护措施体系。加强田野文物维修保护，重点开展石窟寺保护展示工程。加强对基层文物的安全保护，建立健全县（市、区）、乡（街道）、村（社区）三级文物安全保护网络。第二，推动文化遗产的活化利用。加快安徽大运河国家文化公园的建设，编制《安徽省大运河文化遗产保护传承专项规划》和《安徽省大运河文化旅游融合发展专项规划》，在保护的基础上实施区域文化旅游主题化开发。继续推进大遗址保护利用工程，加强国家考古遗址公园建设。实施建筑文物活化利用示范项目，推进古建筑、古民居的保护开发利用，以古民居、古村落为载体，发展民宿、研学等新型乡村旅游新形式，促进文化传承和有效利用。实施文物陈列展览精品计划，推出一批具有安徽地域文化特色的陈列展览。（2）加强非遗传承发展。第一，完善非遗保护体系。出台《关于进一步加强非物质文化遗产保护工作的意见》，实施非物质文化遗产资源普查计划，建立完善非遗档案资料和"智慧非遗"大数据系统。加强非遗名录体系建设，做好世界级非遗申报工作，组织申报国家级非遗代表性传承人，开展省级非遗代表性项目申报认定，认定公布一批省级非遗传习基地，开展非遗特色村镇、街区建设试点。进一步加强国家徽州文化生态保护区建设。健全国家级、省级非遗代表性项目和传承人的长效评估与动态监测机制，常态化开展履职情况评估。实施非遗传承人群研修研习培训计划，定期组织非遗传承人群的研修、研习、培训。实施"名师带徒"工程，促进传统技艺保护传承。第二，推动非遗传承利用。建成安徽省非物质文化遗产展示馆，创新展存方式。鼓励有条件的市县建设非遗展示空间，认定一批省级非遗传承基地。推动非遗传承保护理论研究，建立一批非遗教育普及、研究基地。组织中国非遗传统技艺大展、长三角非物质文化遗产特展、"视频直播故乡年"、"非遗购物节"等项目。"非遗工坊"的建设持续推进，非物质文化遗产在乡村的发展中起到示范带动作用。深入开展"游江淮—非遗进景区"系列活动。继续推动在黄山市的故宫博物院徽派传统工艺工作站以及故宫文化创意馆徽派传统工艺馆的建设。以安徽传统工艺为主，依托各类非遗项目，将非遗与旅游发展、乡村振兴相结合，发展体现精湛手工、面向大众的传统工艺品，并利用非遗元素的各类衍生产品，打造一批安徽传统工艺品牌。将非遗传习基地纳入精品文化旅游线路，与游客开展体验式互动，打造一批非遗主题性文化旅游精品线路。（3）加强革命文物保护传承。第一，建立革命文物保护体系。出台《安徽省红色资源保护和传承条例》，编制《安徽革命文物保护利用片区总体工作规划》。实施革命旧址维修保护行动计划和馆藏革命文物保护修复计划，及时抢救修复濒危珍贵革命文物。建立革命文物大数据库，对接中华民族文化基因库建设（一期）红色基因库建设，构建安徽红色文化基因库。开展革命文物保护展示工程。实施革命文物集中连片保护利用工程，编制革命文物保护片区工作规划，推动大别山革命旧址群片区、新四军旧址群片区、淮海战役旧址群片区等革命文物连片保护利用，重点推进金寨、岳西等革命老区红色文物保护利用项目，建设金寨县汤家汇等红色文化旅游消费集聚区。实施百年安徽党史文物保护展示工程，着力策划打造一批主题突出、导向鲜明、内涵丰富的革命文物陈列展览精品。第二，大力发展红色旅游。以革命文物主题为主线，建设一批爱国主义教育基地、红色文化研学基地，开展一批以革命文化为主题的研学旅行与体验旅游项目，丰富红色旅游产品的文化内涵，推动革命老区的发展与振兴。结合区域革命文化与自然环境，实施革命文物旧址创建国家 A 级景区计划。要充分挖掘革命文物的价值底蕴和文化要素，利用市场机制，开发一批革命文物的宣传产品与文化创意产品，扩大革命文物领域的文化消费产品供给。开展"百名红色讲解员讲百年党史"、"五好"红色旅游讲解员比赛，并积极申报国家红色旅游"五好"讲解员培训计划。打造长三角红色旅游精品线路，创建上海一大会址—浙江嘉兴南湖—淮安周恩来故里—安徽大别山金寨、"两源两地"等红色旅游精品线路，打造长三角高质量红色旅游先行基地。

2020 年 1 月 16 日，安徽省印发《安徽省实施长江三角洲区域一体化发展规划纲要行动计划》，提出要：（1）对接服务上海国际消费中心城市建设，为合肥创建国际消费中心争取机会，联合主办"五五购物节"、"长三角美食节"、全国消费促进月等大型活动，携手打造长三角地区的重要商业区，创建"满意消费长三角"；（2）对苏皖合作示范区的实施情况进行综合评价，复制和推广长三角生态绿色一体化发展综合示范区的制度创新经验，统筹推进长三角"一地六县"产业集聚区，在长三角形成具有重要影响的"绿水青山就是金山银山"理念的实践示范区、新兴产业发展聚集区、生态型产城融合先行区、一体化合作发展体制机制和文化旅游休闲康养基地，加快建设长江、淮河、江淮运河、新安江生态走廊；（3）积极参与长三角国际港口群一体化管理体制的建立，进一步加强港口资源的整合，深化与沿江、沿淮上下游港口和沿海港口的协作，加速合肥陆港型与芜湖港口型等国家物流枢纽的打造、规划发展中欧班列公铁联运基地，形成"一带一路"与长江经济带、长三角等区域的现代化物流系统。

第四章　长江国家文化公园建设

一、建设背景

（一）建设缘由

1. 长江是中华民族母亲河

从地位来说，长江不仅是我国的第一大河流，是我国重要生态安全屏障，还和黄河一样都是中华民族的母亲河，两者具有同样值得保护的地位和价值，素有"江河互济"的美称。黄河国家公园是我国《黄河流域生态保护和高质量发展规划纲要》的重要组成部分。长江与黄河相辅相成，形成了一个多元的中国文化格局，长江要与黄河相协调，才能更好地保护我们的母亲河，因此长江国家文化公园的建设势在必行[①]。

2. 长江文化滞后于经济带建设

长江经济带包括 11 个省份，长江生态环境的保护是维护长江生态系统平衡，促进区域高质量发展的关键。长江文化带的建设与长江经济带的建设相比比较落后。在 2016 年发布的《长江经济带发展规划纲要》中没有关注长江文化建设问题。但长江流域具有丰富的文化遗产资源，长江文化也具有显著的时代价值。一方面，长江经济带建设可以转换为文化产品与服务，满足人民群众精神文化需要；另一方面，长江经济带建设，它能激发长江地区的历史文化资

---

① 李后强."长江学"与长江国家文化公园建设［J］.当代县域经济，2022（3）：4.

源，发掘长江文化的时代价值，是文化和民族的命脉，应及时补齐短板。

3. 贯彻落实党中央的大力号召

习近平总书记对国家公园的建设给予了高度的重视，并做出了一系列重要的指示和批示，从国家层面上制定了相应的政策文件，为中国的国家文化公园的发展提供了方向和基本的指导。《中共中央关于制定国民经济和社会发展第十四个五年规划和二〇三五远景目标的建议》提出，"加强国家重大文化设施和文化项目建设"，以长江国家公园为载体，对文化资源进行保护与传承，是贯彻"发展文化、发展文化产业、提升民族文化软实力"的重要举措。

（二）长江保护提出及规划历程

时间	内容
2015 年 3 月	首次提出以五年为时限建设长江国家公园，用重庆将长江流域串接起来，依托省份力量围绕着长江流域展开建设，时机成熟后申报为国家项目
2016 年 1 月	习近平总书记指出推动长江经济带发展，走生态优先、绿色发展之路，把修复长江生态环境摆在压倒性位置，共抓大保护、不搞大开发[①]
2017 年	《关于实施中华优秀传统文化传承发展工程的意见》首次提出建设一批国家文化公园
2017 年	印发实施《长江经济带生态环境保护规划》
2018 年 12 月	印发实施《长江保护修复攻坚战行动计划》
2019 年 8 月	习近平总书记指出长江等是中华民族的重要象征、中华民族精神的重要标志
2019 年	《长城、大运河、长征国家文化公园建设方案》出台
2020 年 10 月	第十四个五年规划提出建设长城、大运河、长征、黄河等国家文化公园
2021 年	批准三江源国家公园，即在长江源头地区建设国家公园
2021 年 3 月	两会期间部分全国政协委员建议尽早建立长江国家文化公园
2021 年 3 月	颁布《中华人民共和国长江保护法》
2022 年 1 月	国家文化公园建设工作领导小组启动长江国家文化公园建设

---

① 《长江保护法》的 8 大亮点［J］. 环境监测管理与技术，2021，33（2）：1.

二、现阶段对长江的保护措施

（一）顶层设计，引领方向

长江国家文化公园的建设范围包括长江干流区域和长江经济带区域，涉及上海等13个省区市①。长江国家文化公园的建设是国家战略，要结合长城，大运河，长征国家文化公园的建设、黄河流域的发展规划以及"一带一路"的规划。在长江国家文化公园建设中，要形成中央统筹协调，不同省份规划落实，形成同中存异、布局合理、功能衔接的建设格局。具体而言，是由中央相关部门牵头，拟订长江区域内的建设与保护规划，协调各省份，组建专项工作小组等。在党中央、国务院的高位推动下，长江保护修复工作取得积极进展，包括水环境治理、水资源保障、水生态保护、水环境风险防范、法律与制度保障等方面②。各地要抓紧时间制定长江国家公园建设规划，把长江经济带建设和生态文明建设有机结合起来，把长江文化公园建设作为重要内容。中央相关部门进行严格的审查，并有机结合起来，从而为长江地区的发展指明了方向。同时坚持政府主导、社会参与的原则。作为一项重要的民生文化项目，在规划、建设、使用上，需要凝聚民智、发动民力；要积极引导各种社会力量参与进来。长江国家公园的建设必须建立起政府主导，全社会参与的多层次、多元化的机制，激发全社会对长江的参与，使之在自我表现、自我教育和服务中的作用得到最大限度的发挥。

（二）资源普查，科学研究

在资源普查方面，侧重于沿线的生态资源保护与物质载体建设。要积极开展长江沿线文物、文化遗产和自然遗产的调查，建设长江文化数据库、保护濒危文物遗产、健全长江非物质文化遗产名录，加强长江地区的戏曲、武术、民俗、传统技艺等非物质文化遗产保护和保护工作，为进一步的研究工作提供理

---

① 长江国家文化公园建设正式启动［J］.城市规划通讯，2022（2）：1.
② 王金南，孙宏亮，赵越，等.持续打好长江保护修复攻坚战，谱写生态优先绿色发展新篇章［J］.环境工程技术学报，2022，12（2）：7.

论依据。

在科研方面，利用国家社科基金等资源，开展长江文化研究，并在世界著名大学、科研院所中设置专题项目、举办"全国长江文化发展论坛"，加强长江文化的保护和利用。就学术而言，与黄河文化在古代文献中的众多记录相比，长江地区缺乏如此系统的记载。将长江文化研究的资源整合起来，构建跨学科、交叉、多元化的创新平台，组建长江黄河研究会，进一步推进"长江学"的研究，并取得了一大批高层次的学术成果。对长江文化的发展进行了系统的研究，对长江文化进行了创新和继承，对长江文化的精神内涵进行了系统的阐释，构建了连接历史和现实、拉近了传统与现代的长江文化体系。健全人才保障体系，将长江国家文化园区的高端人才引进到世界各地，拓展有关领域的访问学者队伍，将"十四五"人才发展规划列入其中；建立分级培养体系，有针对性、有步骤地推动有关专业的人才向需求缺口方向发展；每年，长江经济带的主要城市都会举办"长江国家文化园区建设人才交流会"；长江经济带下游各省市，对上游文化企业进行扶持，充分发挥其整体效益。

（三）统筹协调，整体推进

第一，建立跨区域协作机制。长江国家公园规划的范围应从长江流域及长江经济带两个方面进行。长江国家公园的建设要以长江的整体为重点，而不是以哪一段为重点，要以每个江段为重点。加强长江全流域范围内各地区和部门间的协商协作，形成管理模式和管控方式上的省市县域三级统一，做到长江上、中、下游区域协调。建立完善"长江国家文化公园建设十一省市联席会议制度"，形成区域合作机制。

鄂湘赣千里长江廊道是长江文明最集中最灿烂的体现。"两江两湖"（长江、汉江、洞庭湖、鄱阳湖）自然生态丰富，"三院三楼"（岳麓书院、白鹿洞书院、问津书院、黄鹤楼、岳阳楼、滕王阁）文化底润深厚，"一桥两坝"（武汉长江大桥、葛洲坝、三峡大坝）工程享誉世界，更有万里长江横渡的"红色经典"代代相传。2022年2月24日，长江国家文化公园建设正式启动。三省联合打造长江国家文化公园是推动长江经济带高质量发展的重要手段，也是推动长江中游城市群一体化发展的有力抓手。加强三大城市群与长江流域其他主要城市的深度融合发展。通过长江国家文化公园的建设，推动各地区之间的文化信息交流和相互渗透，形成优势互补。以长江经济带为核心，构建"共建共享"机制，夯实长江地区合作的基础。

第二，长江保护的多重角度。需要推进一批重大项目建设，既要有工程性建设等硬项目，也要有长江文化研究和长江非遗文化传承等软工程，针对长江保护与长江文化开发应该从人文、生态等多个角度综合考虑。长江的文化包括生态文化与人文文化两种。从生态文化的角度来看，保护长江生物、改善长江的水质，既是长江的生态环境的需要，又是对长江文化的保护。长江文化具有丰富的文化内涵，长江上游的巴蜀文化、长江中游的荆楚文化、长江下游的吴越文化。要大力发展长江题材的优秀纪录片，推动长江文化的传播，推动长江与"一带一路"国家之间的广泛人文交流，并发起"世界大河文明论坛"。

（四）因地制宜，彰显特色

要坚持重点突破，以整体推进为主线，把握 11 省份的不同文化特征，以强烈的文化自觉引导园区规划、建设和管理，注重历史与现代城市建设的有机结合，充分挖掘历史文化，保留历史文脉，丰富文化内涵，展现鲜明个性和独特风格。整合各段沿线具有突出意义、重要影响、重大主题的文物和文化资源，形成具有特定开放空间的公共文化载体[①]。各个省份在充分挖掘本省的长江文化资源的基础上，也要突出各自的优势与特色。在整体上可以结合文旅融合的时代背景，塑造长江国家文化公园这一文旅品牌，以此为 IP 开发主题研学产品，建设长江文化博物馆与沉浸式演艺场馆；要充分利用长江流域的红色文化、民族文化、地域文化等文化资源，利用长江经济带的先进技术和技术创新平台，建立文化技术创新的要素市场，建设文化产业创新和创业生态走廊。各地都在大力推动长江文化标志性建筑，以长江主干水系为核心，形成各具特色、相互补充、统筹协调的长江文化遗产示范带，全面展示长江文化，促

---

① 罗伊. 长城国家文化公园（宁夏段）标识与阐释体系规划研究［D］. 西安：西北大学，2021.

进长江文化的发展。例如，昆明市要把自己作为云南最具优势的大城市这个切入点，正确地确定昆明在长江经济带的整体位置，在长江文化旅游系统中发挥的重要作用，依托南亚和东南亚区域中心城市的优势，通过昆明带动长江经济带的其他区域，积极与长江经济带的中下游区域进行对接。文化为长江的可持续发展注入了生机，要想建设长江国家文化公园，就必须打好文化产业牌，要策划长江文化节，要让长江的历史文化底蕴得到充分的滋养，这样长江流域上13个省份的生态保护和经济发展就会变得枝繁叶茂。

三、先行省市的突出经验

目前，长江文化国家公园的建设还处在初级阶段，有关部门以及沿江各省正在积极探索和研究。部分省份已经取得了一些重要成果，在其他省份规划和建设中可以借鉴利用。

（一）江苏——推动长江文化资源在更高层面上联动共享

2021年12月，国家文化公园建设领导小组发布了《长江国家文化公园建设工作安排》，长江国家公园的建设工作正式启动，其中江苏被列入了重点建设区域，使得江苏在推进大运河国家文化公园的同时，也在推进着长江国家文化公园的建设。以泰州市为例，泰州市全面纳入长江国家文化公园的范围，其中，靖江市、泰兴市和医药高新区（高港区）为核心区，兴化市、海陵区和姜堰区为拓展区。南京、扬州、镇江、常州、无锡、苏州、泰州和南通8座城市，大江浩荡，为江苏孕育滋养了"金陵文化""淮扬文化""吴文化""江海文化"等多元地域文化，人文鼎盛与江天胜景交相辉映。

1.规划先行，依法建管

江苏长江国家文化公园建设涉及沿江8市，要带头完善，做好长江文化标志的科学规划，对于长江江苏段建设文化旅游区等一批具有代表性的文化遗产，做好保护与继承工作有主要意义。为全国创建一批先导示范区，从长江文化的继承与保护中挖掘出长江文化，通过龙江船厂的保护规划、城墙博物馆的建设项目，初步梳理了南京长江地区的历史文化发展，提炼出文化的内涵。长江与大运河一横一竖，东西畅通，南北贯通，形成了江苏发展的轴线，江苏要统筹推进大运河文化区、长江文化公园，形成"文化长江，大美江苏"的总体形象。以"融合、创新、共享"为主题，将长江、大运河、淮河等流域文化有机地结合起来，形成文化精品。加快制定《长江国家文化公园建设（江苏段）保护规划》和《江苏省长江文物保护利用专项规划》。健全长江文化标志系统，构建江苏长江文化遗产的基本数据库与文化图谱，在长江中下游形成具有代表性的长江文化"大遗址"及长江文化遗存风貌集群。

2. 建设专题文化展示区

长江国家文化公园的主题区和专题展示区将围绕八个城市进行重点建设。南京、镇江、扬州、泰州、无锡、常州、苏州、南通 8 个城市是长江文化的重要发源地，是长江文化带的重点区域，可以在南京打造长江国家文化公园主题区；在苏州、常州、无锡联合打造吴文化专题展示区；在镇江、泰州、扬州打造津渡文化和运河文化专题展示区；在南通建设近代工业文化专题展示区。在不沿江的苏北 5 个城市中，建立长江文化深度融合发展区。徐州可以以"汉"文化为中心，以"吴文化"为载体，展现江苏"吴风汉韵"的魅力。连云港可以和盐城、南通等地合作，形成一个海洋文化的体验区域，也可以和淮安一起演绎名著艺术。宿迁不仅可以作为淮河文化的一个单独展示区域，还可以和江苏的其他地方一起打响"水韵江苏"的品牌。

3. 生态修复，彰显文化

江苏已经完成了 596 条岸线的清理和治理工作，新造林将近 100 万亩，其中生态岸线的比例从 2018 年的 58.4% 增至 62.1%，南京主河的主要生产岸线比例由 5 年前的 36.9% 下降到 25.3%，滨江"一江两岸"已基本完成，幕燕滨江和鱼嘴公园等整治工程也已成为"打卡地"。基本完成浦口火车站、下关公路等重要地区的文化遗产的保护与利用，江北新区的滨水区改造工程主要就是为了保护浦口火车站遗址、保护城市风貌，浦口码头部分放弃了堤路结合、亲水平台的建设，设置了一道长达 200 米的防洪墙。另外，江苏省要健全长江退捕者的社会保障制度，强化渔政全链条的监督，坚持长江地区"十年禁渔"工作。建立健全退捕渔民的定期统计和核查机制，进一步摸清底数，做好精准识别及动态管理①。还要健全社会保障制度，优化补偿标准，区分专业渔民和兼业渔民，根据年龄、性别设定不同的补偿标准，防止"一刀切"。

4. 文旅融合，提升价值

由于长江江苏段涵盖金陵、淮扬、江南和江海四大特色鲜明的地域文化，因此，还要充分挖掘和展示四种不同地域文化的特色，做到统一性与特色性的有机结合。近年来先后建成开放了长江文明馆、大河生命馆，规划推进了长江文明之心景区建设，与联合国教科文组织联合主办了两届"大河对话"国际论坛。加大宣传推广力度，要把张家港长江文化艺术节作为"世界上最有影响"的长江文化节庆活动之一。以长江文化为核心，打造"牛首山""栖霞山"等优秀的旅游文化品牌。形成特色拳头产品，如长江下游仅有的一条滨江邮轮线路——"长江传奇"系列。以创意设计、现代演艺等为代表的沿江板块，建设具有文化创意特色的产业集聚区域。

5. 聚焦省会，特色发力

南京是长江中下游的历史古都、文化重镇，也是江苏唯一一座跨长江发展的城市。"自古以来，南京依江而生，拥江融合，伴江而兴。长江哺育了南京，南京文化也是长江文化的核心文化之一。""长江文化"是南京的灵魂，"大美南京"将是长江国家文化公园的一个典范。第一，打造功能区，构建体系。打造文旅融合功能区、自然山水主题展示功能区、生态管控保护功能区，构建多层次国家文化公园生态展示体系。第二，编制规划，提炼资源。在2021年6月编制完成《长江经济带南京段长江文化旅游融合发展概念规划》中，结合长江南京段的旅游资源和文化发展脉络，提炼了古都文化、海丝文化、秦淮文化等南京长江文化八大主题，梳理出十六类共计157个长江文化特色资源、412个文旅资源单体②。第三，宏大蓝图，创新发展。在建设长江国家文化公园上，南京要建构大纵深、多圈层、大格局的宏大蓝图，统筹战略性、典型性和特色

---

① 刘彦华. 江苏省 拥江抱海向未来［J］. 小康，2022（7）：2.
② 王健. 保护一江碧水，激荡澎湃绿能［N］. 南京日报，2021-11-14（A01）.

性，推动创造性转化，让长江沿线文化遗产实现"活化"，在生态文化弘扬、新兴业态培育、文旅融合发展、城乡风貌塑造、平台载体建设以及文化交流互鉴等方面创新发展。南京以 30 余个新型科研院所为依托，大力发展绿色新产业，打造扬子江生态文明创新中心。

6. 先行试点与整体推进

江苏长江地区国家文化公园的建设是一个庞大的系统工程，可以在选择一个或两个城市作为试点。比如，扬州是长江和大运河的交汇点，也是南水北调东线的发源地，地理位置非常特殊，如果能在这里规划建设长江文化公园，比如扬州石桥、瓜洲、南水北调东线源头、十二圩等重要地区，进行系统的规划，整体设计，突出新旧"交会点"的特点，这样就能将两个国家公园的规划和建设结合起来，并在总结经验后，逐步推广到其他城市。

（二）湖北——把一整条长江放在心里

1. 基础工作，摸清家底

科学定位湖北在长江国家文化公园中的地位作用，可以从长城、大运河、长征、黄河等国家文化公园的经验出发，率先对长江国家文化公园的运行机制进行探索。近日，湖北省自然资源厅印发《省国土空间生态修复规划（2021—2035 年）》，依据规划，为充分彰显荆楚文化特点，湖北省将以武汉为先行区，争创长江国家文化公园。武汉市两会期间，"争创长江国家文化公园先行区"被写进政府工作报告。湖北省文化和旅游厅（省文物局）与武汉大学共建成立长江文明考古研究院，侧重长江文明相关学术课题研究和高层次文博人才培养；湖北省文旅厅已全面开展长江地区文物资源普查工作，目的是对湖北省境内长江地区的不可移动文物资源分布、保护、利用情况进行全面的普查，并建立全省长江地区不可动文物的基本数据库；湖北省考古研究所领导的长江中游文明的研究，是国家文物局重点课题"考古中国"的一个重要内容，它将有助于厘清长江中游地区的考古学时代结构和发展脉络。楚文化精神内涵中的进取、创新、开放，与长江文化的特质高度一致，长江国家文化公园建设要展现出楚文化的魅力。这些具体工作为建设好长江国家文化公园打下了良好的基础。

2. 明星产品，彰显价值

将盘龙城打造为湖北省文化遗产的明星产品。长江国家文化公园要彰显长江文明特质，应将长江文物保护和文化发展两个领域打通。湖北地处长江中游，需要有能与长江上游三星堆遗址、长江下游良渚遗址媲美的标志性文化遗产工程，来彰显长江中游的独特文化价值和文化标识。地处长江中游地区的盘龙城遗址，近年来得到充分的保护与利用，盘龙城国家考古遗址公园建设也在国内处于前列。盘龙城还可以通过长江国家文化公园建设，进一步提升其国内外社会影响力与知名度，可打造为湖北省文化遗产的明星产品，并成为长江国家文化公园建设的重要内容。

长江生态文化园区的创建有利于破解长江文化公园的难题。长江生态文化园区的创建也将是湖北建设长江文化公园的一个极好的突破口。长江生态环境优越，长江文化灿烂，长江生态环境优良，长江流域水源与生物资源优势明显。长江生态文化园区的建设，使得长江国家文化公园从平面到立体，从地表到海底，从三维到多维。这样的时间和空间上的扩展，使长江国家公园的格局、品位、张力都得到了很大的提升。

3. 遗产保护，智慧水务

对长江文物和文化遗产"精心呵护"高科技的应用对于实时水情传输，提高水情预判的精准度，以及防汛抗旱工作提供支撑和保障。湖北提出推进长江中游水文化遗产保护和利用体系建立，特别是探索与 5G 技术结合的保护利用新模式，助力智慧水务发展。此外，还提出创建不同类别的水文化遗产保护与利用示范区，推进长江中游水文化遗产保护与利用工作迈上新台阶。神农架拥有"华中水塔"之称，是湖北境内长江与汉水的分水岭，也是南水北调中线工程的水源涵养地，完好的植被、高储量的林木蓄积量对长江中下游水土保持、水源涵养发挥着重要作用。因此，在长江大保护中要加大对神农架"华中水塔"的保护力度。

4. 会展产业，深度研究

加强湖北会展业的深度研究，密切围绕国家发展战略和湖北发展规划，系统谋划，强力推进，立足现有国家级展会平台，更新展会名称，高起点打造国家级展会；实现全覆盖，覆盖长江全流域各省市区；整合长江流域各地优势，全覆盖三次产业；立足长江中游城市群，融入全国统一大市场，联通全球产业链；线下展会为主，线上线下相结合，分期、分类别，长年不断；政府引导培育，逐步实现市场化运作。

5. 聚焦省会，挖掘文化

湖北省自然资源厅发布了《省国土空间生态修复规划（2021—2035年）》，依据规划，为充分彰显荆楚文化特点，湖北省将以武汉为先行区，争创长江国家文化公园。湖北武汉联合高校和科研院所成立专门机构，深入挖掘武汉长江文化底蕴，服务长江国家文化公园建设。关注打好用活"长江牌"，筹办长江（全流域）博览会，进一步巩固在长江全流域承东启西、贯通南北的重要战略地位。长江武汉段最精彩地段是"两山一桥"：在打造武汉长江国家文化公园的范围内，进一步挖掘武昌、汉阳古城历史，蛇山、龟山、武汉长江大桥的故事等，形成"两山一桥"中央公园的格局。

6. 生态修复，文化地标

鄂州樊口具有悠久的历史和文化底蕴，是"三国吴都"文化的一个重要组成部分，同时也是世界闻名的武昌鱼的发源地，百里长港和长江在此相通、交融，构成了一道独特的人文景观。樊口江滩公园就是在此建立的，樊口江滩不仅是一个生态的滨水区，同时也是长江的一个新的文化地标。王家河江豚观测站位于中华鲟保护区的湖北长江宜昌。宜昌石油公司关闭已运营63年的王家河油库，将其全部搬迁到枝江姚家港化工园区，并将旧址作为一个江豚观测站。宜昌长江岸线的生态修复工程，从伍家岗区柏临河入江口开始至猇亭区猇亭古战场，全长8公里。

（三）重庆——打造长江国家文化公园示范区

1. 保护为主，战略导向

长江主干地区现有 15155 处不可动文物，124 处重要文化资源；重庆长江三峡地区 246 项核心旅游资源，是长江主干地区独一无二的典型。习近平总书记亲自主持三次长江经济带发展研讨会，以重庆为中心，由此确立长江经济带发展战略，即"共同保护，不发展大"。重庆市是 2018 年入选全国山水、林、湖三大项目的试点城市，目前正在积极推进国土绿化提升、矿山综合治理、生物多样性保护等 7 大领域生态修复工程，加快建设"山水之城、美丽之地"。南山作为重庆中部地区的"绿肺"，泉山村周边因长期采石而形成的荒地面积达 0.63 平方公里。2017 年，经过绿化和其他生态恢复项目，曾经满是灰尘的矿山如今已被鲜花和树木所覆盖。

2. 科学研究，理念阐释

围绕三峡文化，通过专题研究、学术著作和专题展览等形式对长江文化的历史渊源、发展脉络、区域特征和价值观念进行了阐述，开展了《长江三峡文化发展研究》等专题系列研究，发表出版了《近代川江航运史》《千古三峡丛书》等学术著作 60 余本，并举办了《长江文明展》《三峡文物保护成果展》等专题展览。长江文化的代表性符号，如竹编街、吊脚楼、古石桥、青石板，都得到了最好的保存和修复。

3. 禁渔宣传，专项整治

重庆市提出通过案例宣传等方式开展生动、系统、广泛的长江禁渔宣传，注重宣传的实效性和长期性，相关部门要加大对鱼类专营店的监督，对挂有"长江鱼""乌江鱼""野生鱼"招牌的商家饭店开展专项清理整治，禁止买卖经营长江鱼。

4. 擦亮"长江文化"名片

第一，文化传承。坚持以"红军精神、红岩精神、雷锋精神"对学生进行革命传统教育，将红色元素融入校园文化、思政教育中，让红色精神薪火相传。通过献礼建党百年的大型红色历史舞台剧《重庆1949》、青年民谣歌会等形式，做好传承。

第二，文创产品。近年来，在消费升级下，文创犹如一股清流，席卷全国市场，是重庆传播长江文化的新探索，用现代人的审美标准，对古代文化要素做新包装，通过文创产品等形式，让人们感受历史文化的魅力，并让文创产品成为当下青年人接触历史的新载体。

5. 扛起上游责任，采取"深度"行动

一是停止大开发，建设生态岛。重庆坚持以"自然恢复＋科技创新"的方式进行生态修复。广阳岛"以科技创新方式解决消落带管理问题"、"建设一院一厅"的区域间司法保护机制等，已被列入《长江经济带绿色发展示范和生态产品价值实现机制试点经验做法第一批清单》，得到了国家发展改革委的充分肯定，并在沿江 11 个省市得到了推广①。二是要把关于锰污染治理"四笔台账"算清。重庆将把重心放在秀山县，加大锰矿的管理力度，以高标准淘汰落后的锰矿，大力推动工业转型，先后出台《重庆市加快淘汰锰行业落后产能工作方案》《关于支持秀山发挥渝东南桥头堡城市作用工作方案》。三是以案例推动"碳惠通"上线。重庆率先建成了"碳惠通"生态产品的价值实现平台，覆盖了碳履约、碳中和、碳普惠等多项实用功能。

（四）安徽——打造长江文化旅游重要城市

1. 抢抓国家战略发展机遇

抢抓长三角一体化的国家战略发展机遇，提出构建一体化发展格局，开创长三角文化和旅游发展新局面。安徽将充分发挥长三角文化和旅游一体化战略联盟作用，加快区域资源统筹和高效利用。安徽省发改委、安徽省文旅厅联合印发《全省"十四五"旅游规划》，提出构建"4310"文化旅游产业空间布局，其中"4"是指文化旅游产业集聚区、"3"是指文化旅游产业发展带、"10"是文化旅游风景廊道。立足优化文旅产业空间布局，安徽将以长江、淮河、新安江为三大发展轴线，打造安徽长江文化和旅游发展集聚带、安徽淮河文化和旅

---

① 雷茂盛，王健生.扛起上游责任 采取"深度"行动行动［N］.中国经济导报，2022-02-12（001）.

游发展带和新安江徽文化旅游发展带。

2. 打造"长江黄金旅游线"

要依托长江的优势资源，沿江各省市联动发展，打造旅游业的超级黄金水道。安徽将充分发挥长江黄金旅游通道作用，以"欢乐皖江"为品牌引领，串接安庆、池州、铜陵、芜湖、马鞍山、滁州等皖江城市及流域城市，提升沿江戏曲、主题公园、康养度假、生态研学、文化体验、城市夜游、游轮旅游等文化和旅游产业，努力打造成为长江经济带文化和旅游高质量发展引领带、具有国际竞争力和全球知名度的黄金水道文化旅游带。

3. 优先修复长江生态环境

安徽省把修复长江生态环境摆在首要位置，于2018年制定了一项严格的长江1公里、5公里、15公里岸线的"三道防线"，以有效地保护"八百里皖江"；此外，还重点整治沿江非法码头、非法转移、处置固体废物、污染船舶等；重点发展集成电路、生物医药、人工智能等重点产业，重点发展4个国家重点项目和26个省级重点项目。做好统筹联动的文章，打通体制机制联结点。建设长江流域生态环境监测网络体系和基础数据平台，加强全域统筹，明确保护修复责任主体和主体责任，研制规划设计、施工、验收、资源跨区域调配交易、收益分配等规章制度以及技术标准，健全《长江保护法》配套实施机制，完善"十四五"长江经济带发展"1+N"规划政策体系。安徽省首次将"湖泊实行河长制管理"写入了地方规章，并实施了"十年禁渔"，全市渔船12000余艘，渔民3万余人次，实现了建档立卡、注销、封船、销毁四个全面落实。

4. 教育高质量一体化发展

把教育高质量一体化发展摆在突出的位置。在长三角教育一体化中，沪苏浙优质学校来皖开设分支机构，重点向皖北、皖西大别山等基础薄弱、人口较多的地区倾斜[①]。同时，要结对共建、定点帮扶，把教育作为结对帮扶的重要内容，与沪苏浙相关主体自主结对、对口合作。在招才引智、协同育人方面，

---

① 区域经济高质量发展"多点开花"[J].经济，2022（4）：50-57.

从沪苏浙高校选聘一批优秀高层次人才到安徽省高校担任学科带头人。与沪苏浙高校、头部企业共建一批优质学科、产业学院、科研平台，联合培养高层次人才。此外，还要加强协同攻关、创新突破。支持长三角高校主动融入合肥综合性国家科学中心建设。发挥长三角高校协同创新联盟作用，推动科技成果到安徽转化落地。

（五）四川——彰显巴蜀文化底蕴价值

1.规划引领，打造先行示范区

四川做到高水平、高起点做好规划。建设长江国家文化公园四川示范段，充分挖掘长江文化优势，加快推进长江文化资源创新利用和价值转化，规划建设长江国家文化公园四川段生态旅游带等一批标志性文化保护与传承项目、重点基础工程，在国内率先打造一批先行示范区。

2."1+N"保护发展格局

构建长江国家文化公园四川段"1+N"保护发展格局。"1"即一条干流"宜宾至泸州段"，"N"即岷江、沱江、嘉陵江、大渡河、赤水河流域等多条重要支流；以四川全域为蓝本，聚力建设几个重点文化展示和发展区，以长江干流半月形文化纽带为主干，辐射延伸出几条特色文化带，依托文化资源本底，分别建设主题区、体验区、专题区、展示区，以现代产业融合发展理念，实现生态、文化、社会价值的全面提升。

3."万里长江第一城"宜宾

提出以宜宾和泸州为发展重点的区域，加快中国金三角文化旅游园区的建设。根据杨升庵《临江仙》中的"滚滚长江东逝水，浪花淘尽英雄"等诗句，在泸州码头上留下了这样的诗句，泸州应当设立"临江仙台"，这样才能更好地融入长江文化。同时，要继续发扬浓香型泸州老窖、酱香型郎酒。宜宾可以考虑把李庄镇作为中华文化的标志性建筑。金沙江在宜宾境内流过才被称为长江，宜宾也被誉为"长江第一城"，是长江地区的重要枢纽，而将其作为"南向开放"、打造川南地区的经济枢纽。

4.贯彻落实长江经济带发展

一是长江生态环境的保护与恢复。四川省是长江流域的重要水源涵养区，也是生态环境保护的核心区域。张化渣场曾是长江经济带上的一个突出的生态问题，目前渣场长达80多年的环境风险得到了有效的治理，已经变成了一个网红旅游景区，成为当地政府和国企共同治理生态环境的典型案例。二是建立全国立体运输一体化。四川省积极推进"四向拓展、全域开放"的发展战略，充分利用长江的黄金通道、建设国际航空枢纽、建设长江上游航运枢纽、建设长江上游立体运输通道等。三是构建成渝双城经济圈。川渝地处长江上游，位于长江经济带和"一带一路"的交界处，成渝双城经济圈是我国西部地区、海陆交通新通道的重要枢纽，能够形成"轨道"双城经济圈。

四、其他省市长江文化生态建设现状

（一）上海——长江入海前的最后一站

在文化保护方面，上海是长江入海前的最后一站，肩负着引领长江经济带迈向高质量发展的责任。水是上海城市建设发展的重要根基，上海的崇明岛实行"生态立岛"，初步形成了"中国元素、江南韵味、海岛特色"的岛屿风貌。

在生态保护方面，为全面掌握上海市河湖水质情况、整治黑臭河道，实现到2020年基本消除劣五类水体的水治理目标。上海实施全市长江流域河湖水质调查摸底监测，并完成了部分区县的河湖水质调查任务。

（二）浙江——以"大文化"价值观统筹引领

在文化保护上，吴越文化是浙江省的主要特色，浙江的名片是丝绸、南宋官窑等，可以用"大文化"作为整体和引导。长江自古至今，从巴蜀到江南水乡，已有数千年的历史。长江是中国"大文化"价值的生动体现。浙江的生态保护工作将长江的生态环境恢复作为重中之重。浙江是"金山银山"的发祥地，长江经济带生态环保中，围绕浙江问题进行整改，出台了《关于进一步建立健全省长江经济带生态环境突出问题全过程闭环管理长效机制的通知》，形成了一套完整的"发现、督办、整改"的闭环管理模式^①。

在长江经济带建设上，浙江发布《浙江省参与长江经济带建设实施方案（2016—2018年）》。一是要共同建设绿色生态走廊。大力发展浙江渔业资源的恢复与振兴，强化长江支流河道的水环境治理与水资源的保护，强化长三角地区的大气污染防治工作。二是发挥优势，协同发展。建立"义甬舟"的对外开放通道，舟山江海运输枢纽的建设，建立起内外连通的现代化综合交通运输系统，复兴内河航运与长江黄金水道的衔接，有利于建设长三角国际都市圈。三是以技术创新推动工业结构的转变和提升。建设具有国际竞争力的宁波国家石油化工基地、舟山绿色石油化工基地等；推进舟山波音公司"竣工交付"工程，加快"台州彩虹"无人机产业基地的建设；推进"乌镇"网络创新发展示范区的建设。

（三）江西——千里长江最美岸线

1. 微笑天使，美丽江西

江西鄱阳湖水质持续改善、生物资源不断修复、江豚种群数量稳步提升。江西省应持续擦亮江豚这张亮丽的生态名片，让"微笑天使"代言美丽江西，以更高标准打造美丽中国"江西样板"。江西可以借鉴四川打"大熊猫牌"的做法，做好长江江豚宣传文章。增设"江豚保护日"，把长江江豚笑脸设计为"江西生态环境保护标识"，让"微笑天使"的形象深入人心。

2. 聚焦九江，独特魅力

要以人为本，通过景观区和体验区的开发与建设，把九江长江文化公园11公里岸线的各种元素进行连接，提高其普惠性、观赏性和标志性，推进长江海岸线与城市更新、交通网络、文化旅游四者的深度融合，将"长江千里最美丽的岸线""千年浔阳文化之窗""庐山品牌示范工程"的独特魅力更加彰显。

---

① 为推动长江经济带高质量发展提供"浙江样板"——浙江省贯彻落实长江经济带发展战略六周年综述［J］.中国产经，2022（7）：72-75.

3. 试点引领，价值实现

鄱阳湖是江西最大的生态旅游品牌，在长江流域中扮演着无可取代的角色。江西以省级试点为依托，积极探索"金山银山"与"绿水青山"的双向转换之路：瑞昌市通过科学规划、整治违建的码头，构筑江西段长江"最美岸线"；泰和县建设千烟洲样板，实现生态修复与经济协调发展；武宁县拓展了"两山"转变的新途径，对生态产品的价值进行了探讨。

（四）湖南——彰显长江文化的历史深度和时代高度

1. "三高四新"，战略定位

湖南是贯彻"三高四新"战略的重要组成部分，湖南湘江是长江的一条主要支流，从屈贾的楚汉文化到湖湘的儒学、屈原"上下求索"、杜甫的"忧国忧民"、范仲淹"先忧后乐"、新民主主义革命时期的"红色文化"，这些都是长江的一大特色。近年来，湖南人民按照习近平总书记"保护一江碧水"的要求，坚持大保护、不搞大开发。湖南通过统筹山水林田湖草沙综合治理，打造了水天一色的巴陵美景，"候鸟的歌声""江豚的微笑""麋鹿的影子"等成了湖南全新的亮丽名片。

2. 建先行区，战略方案

岳阳市在建设世界滨海公园、世界级文化旅游胜地、长江沿岸生态绿道、沿江环湖生态旅游廊道、长江生态文化示范基地等十大标志性项目，并在湖南长江地区开展了文物考古普查，把"讲好长江故事"提到了重要位置，力争打造长江文化旅游先行示范区。"建设长江岳阳段，建设长江国家文化公园的华彩段和示范区"，并提出"长江千年华彩段，生态文明示范区"的形象宣传标语，并从"对标案例""主题定位""空间格局""建设实施""行动计划"五个方面，对长江湖南岳阳段建设提出了实施策略和系统的建议。

3. 生态优先，绿色发展

打好污染防治攻坚战，扛起"守护好一江碧水"政治责任。全面深化"一江一湖四水"系统保护和治理，推进"4+1"城市污水垃圾处理、化工污染防治、农业面源污染防治、船舶污染防治、尾矿库污染防治，落实长江"十年禁

"渔"政策要求，健全共同抓大保护体制，推动长江经济带发展负面清单消减、流域生态补偿机制等。

（五）贵州——长江上游生态保护屏障

1. 打造长江上游生态保护屏障

贵州作为长江经济带的一环，生态、经济等方面与长江息息相关。贵州在推动长江沿线文化和旅游发展方面积极探索，先后建成开放赤水大瀑布、赤水河旅游公路、"船在天上行"超级工程、乌江源百里画廊、锦江十二景等，规划建设乌江、赤水河、锦江、清水江沿线景点，连续多年举办生态文明贵阳国际论坛，着力打造长江上游生态保护屏障，争当长江经济带高质量发展主力军。

2. 发展环境生态友好型产业

贵州因地制宜，大力发展生态环保工业，走大数据、健康、现代山地高效农业、文化旅游等产业的发展道路。只要坚持以生态文明为主导，把发展与生态两条底线一起守、两项成果一起抓，贵州就能用"绿色"生态画出发展的"底色"，走上新的发展道路。

3. 实施碳达峰、碳中和措施

贵州在能源结构调整和优化上，提出了加快基础能源、绿色、智能化发展、建设国家新型综合能源战略基地的建议；在推进重点产业的绿色转型中，贵州出台了一套严格的能源消耗双控体系，以防止"两高"建设的盲目发展；贵州在进一步提升资源化利用率的同时，还提出了要大力推行"以渣定产"的方针，大力发展煤矸石等综合利用，大力发展大型固体废物综合利用基地；贵州在提高生态系统碳汇能力方面，提出了通过稳定流域森林、草原、湿地、土壤等固碳的措施，加强森林抚育，发展有利于气候友好的农业生产模式，并积极探索碳汇交易试点。

（六）云南——坚持规划引领，做好文化传承、生态保护、绿色发展大文章

1. 长江与长征国家文化公园融合

在文化遗产传承上，以金沙江和赤水河为主要历史文化资源，凝聚文化思

想、人文精神、文化特征，全面推进"港园城"一体化发展，建设一批特色旅游景点，如长江昭通文化旅游带、金沙江平湖旅游带、赤水河流域红色旅游等，将长江文化公园与长征文化公园深度融合，讲述昭通新时代发展的故事。

2. 贯彻生态文明建设理念

在生态保护上，坚持将生态文明建设贯穿于长江国家公园的全过程和各个领域，以赤水河为样板，积极推动金沙江、乌江等绿色生态带的建设，"绿美昭通"三年计划贯彻实施，长江地区"十年禁渔"工作初见成效，云南人民为乌蒙山区的绿化、美丽、富裕而奋斗。坚持"生态产业化、生态化"，大力推进天然林保护、退耕还林等项目，在坚持流域水质与生态环境持续改善的同时，因地制宜、科学布局发展竹制品深加工等绿色工业，实现长江流域生态环境保护与和谐发展[①]。

3. 助力长江经济带建设

在长江经济带建设上，云南位于长江流域，是长江经济带与"一带一路"的交会点，是长江经济带发展战略的特殊区域。金沙江在长江上游，全长1560多公里，位于云南，是长江上游的重要生态保护屏障。云南在贯彻落实《长江经济带发展云南实施规划》和《云南省生态保护红线》的同时，坚持以保护优先、恢复自然为主的原则，在云南大力推进生态保护工作。云南将进一步优化长江地区产业结构，加快新旧动能转换、高质量发展，严格控制化工、冶金、建材等行业的规模产能，大力发展先进光电子微电子材料、绿色新能源材料等七大新材料产业链。

（七）西藏——建立长江流域横向生态保护补偿

长江发源于青海省境内的唐古拉山脉西南侧的格拉丹东雪山，在西藏的流域面积大约为107034平方公里，在西藏建设有长江源水生态环节保护站保护长江源头水源的环境。西藏出台的《西藏自治区国家生态文明高地建设条例》中提出建设新的自然保护地体系，该体系以自然保护区为基础，以国家公园为

---

① 吴浩，范孝东，黄璐.同饮一江水 共护长江美［N］.四川日报，2022-03-11（006）.

核心，还包括其他各类自然公园。

（八）青海——打造国际生态旅游目的地

青海省出台了《青海打造国际生态旅游目的地行动方案任务分工》，要求在生态文明建设、国家公园建设、林业、草原、基础设施建设等方面加强统筹协调，构建层次分明、相互衔接、规范有效的规划体系。根据资源禀赋、地理环境和市场潜力，在自然遗产、国家公园、自然保护区、自然公园、湿地公园、人文生态等领域，依法依规进行国际生态旅游景区的试点工作[①]。以生态塑造旅游品质，以旅游彰显生态价值，推动国内、国际旅游双循环，形成以文化为基础，产业布局合理，产品体系丰富，服务水平优质，管理运营科学，带动效益明显的国际生态旅游目的地[②]。

---

① 青海省人民政府 文化和旅游部关于印发青海打造国际生态旅游目的地行动方案的通知（青政〔2021〕56号）[J]．青海省人民政府公报（汉文版），2021（22）：15．
② 青海省文化和旅游厅．走出青海特色文旅蝶变发展之路[N]．青海日报，2021-11-29（008）．

第五章　长江国家文化公园体制建设

一、总体规划

近年来，国家对于长江国家文化公园的体制建设越来越重视，其在组织结构、管理培训、法律建设、地方践行、规范监督等多个方面都有了较为明显的进步。与长江相关的法律法规以及规范条文等逐渐形成多样化体系，不论是在单一的物种保护还是大范围的地区保护（含风景名胜区及生态自然保护区），其管理体系及法律条文已经相当完备。作为文物保护单位，其本身的历史价值、经济价值、生态价值、时代价值等都较为丰富，文物保护单位也紧紧抓住长江国家文化公园建设的契机，通过调整产业结构、建立规范条文、改革组织结构等多种方式来调整其本身的体制建设内容。由文物保护单位向长江国家文化公园的转变，不仅是积极响应国家文化公园建设潮流的表现，也是彰显文化自信，丰富国家文化公园体系的时代要求。

建设长江国家文化公园也是开发长江资源的必然要求，其体制建设源起于 2014 年 9 月国务院印发《关于依托黄金水道推动长江经济带发展的指导意见》[①]。此指导意见明确了长江对于长江经济带及周边地区的重要意义，强调了长江作为经济带的依托对象，必须处理好发展与保护之间的关系，要求长江经济带及沿岸地区必须在充分利用长江资源的同时也要保护好长江的生态环境；

---

① 傅才武，程玉梅．论长江国家文化公园构建的历史逻辑［J］．文化软实力研究，2022，7（2）：41-53.

2015 年，随着中国逐渐步入新时代，中国旅游业得到了飞速发展，长江也再次进入人们的视野，长江沿岸的旅游业得到了一个质的提升，它在景区建设、旅游消费、游客流量等多个方面都位于全国前列，而我国也抓住了本次机遇，提出了"长江国际黄金旅游带发展规划"，此规划不仅在宏观上对于地区文化建设做出要求及提出相应的建议，也在微观上对于景区管理及游客文明行为等做出了细致要求；2017—2021 年，国家文化公园的建设逐渐步入正轨，经过五年的实践，关于国家文化公园的各种建设方案以及意见等逐渐形成；在 2022 年，国家文化公园建设工作领导小组印发通知，部署启动长江国家文化公园建设，由此长江国家文化公园的体制建设内容正式形成规范化的体系。

（一）提高政治站位，加强规范引领

长江国家文化公园的建设范围较为广泛，其覆盖流域广泛，覆盖省市众多，加上其本身建设内容及组织领导的不同、工程复杂等原因，这在很大程度上无法做到统一协调、统一调度。因此长江国家文化公园的建设要提高政治站位，要明确其本身的政治立场及建设内容要符合政治定位。在管理方面要做到统筹兼顾，协调发展，科学规划；在建设方面不仅需要做好上级与下级的合理配合、部门与部门的商量敲定、工作人员与领导班子之间的任务分配等，还需要做到对于建设方案细节的合理谋划以及责任的承担分配等；在监督方面要处理好自我监督与民主监督之间的关系，通过过程公开、建立监督体系、设立监督部门、设置群众举报电话等多途径推动建设工程公开化、民主化，长江国家文化公园建设的参与者能够约束自我的行为，真正建设人民喜欢的长江国家文化公园；在引领方面，长江国家文化公园的建设正在积极创新工作机制，同时做好政策保障①。通过体制创新及政策维护两方面来引领各省市建设长江国家文化公园。

（二）保护发展并举，探索模式创新

我国对于长江国家文化公园的政策逐渐形成完整体系，在长江经济带生态

---

① 黄伟.提高政治站位强化使命担当狠抓工作落实 为传承中华文明彰显文化自信贡献江苏智慧力量〔N〕.新华日报，2022-03-25（001）.

保护政策基础上，我国针对长江国家文化公园建设内容也做出了明确的规定，要求在保护生态资源、文化资源、自然资源等基础之上，通过基础设施再建、改革人工作业环境、更新建设体系、创新工程维护方案等诸多措施来实现发展方案的创新。针对长江国家文化公园的体系建设，各省市通过积极召开各项会议以及组织实践探索团队，组织专家成立专业方案组，积极探索模式方案的创新[①]。长江国家文化公园的建设需要具备完善的体系方案，目前众多省市通过采用"统一领导、统一调配、统一协商、分类指挥、划分层次"的方式构建适合当地的体系内容，各省市成立专项调查组的基础上，又分别设立诸多部门，这些部门分别在保护与发展方面承担不同的责任，他们分别持有"派遣人员、调查建设项目、设计规划方案、经费管理、监督举报"等职责。通过将长江国家文化公园的建设权力进行系统划分、分类合并等方式实现部门之间的相互制约、相互督促，以此来促进长江国家文化公园的建设能够顺利进行。

长江国家文化公园的建设也积极寻求模式创新，通过研究长江经济带经济发展状况，调查长江沿岸资源分布情况，借鉴其他国家文化公园建设经验，以此来试水长江国家文化公园建设模式的创新。长江国家文化公园的建设模式目前各省市建设进度存在一定的差异，但是其建设内容大同小异。其模式创新上要求在国内与可持续发展、文化自信、长江保护法等政策相匹配，在国际上要求尽快将长江文化与世界文化接轨，通过积极融入"一带一路"建设当中。通过国内与国际两个角度，实现长江国家文化公园的模式与建设体系的创新[②]。

（三）建设试点方案，关注节点城市

由于长江国家文化公园的建设进度还没有步入稳定时期，建设过程需要考虑的因素众多，因此为减少建设过程中的资源消耗以及减轻对于自然环境的破坏，需要对长江国家文化公园的建设进行试点先行策略，通过微观模拟、小型组建、试点运营等方式积极建设试点运营方案。各省市的试点方案目前都处于

---

① 文传浩，林彩云.长江经济带生态大保护政策：演变、特征与战略探索［J］.河北经贸大学学报，2021，42（5）：70-77.
② 长江治理与保护科技创新高端论坛召开［J］.长江技术经济，2021，5（5）：92.

探索时期，试点运营也刚刚起步，但是目前各省市的试点运营都要求在整体布局的基础上实现管理方式的革新，通过与长江经济带发展策略相结合，在政府视域视角下，运用统筹思维使得试点区域能够如原建设区域一样正常运转。试点方案的目的在于通过微观组建的方式，探索长江国家文化公园系统性的建设方案，体制规划能够趋于完善；不断试错、创新、再建等形式使得长江国家文化公园的建设方案能够尽快形成，以此实现方案能够普及化，使其能够在多环境都可运用。

当然，对于试点建设内容，长江国家文化公园的建设也应该关注关键节点的建设过程，关键节点城市不仅对长江国家文化公园的建设具有重要意义，对其他国家文化公园的建设也有重要借鉴作用①。关键节点城市在建设过程中应该起到引领示范作用，部分专家认为关键节点城市在长江国家文化公园建设过程中应该积极探索，找到适合整个长江流域以及长江经济带的建设方案；还有部分专家认为关键节点城市应该实施差异化战略与协同化战略并举，通过整合当地资源，打造与国家战略相适应的建设方案，同时给予其他地区可以借鉴的意义，当然也要根据当地的具体情况进行动态调整，通过与当地的名胜古迹、历史文物、自然风光、传统习俗、非遗文化等相契合，打造当地独一无二的长江国家文化公园建设方案。

（四）共治共享，地权包容

长江国家文化公园建设覆盖范围广，其包含物种多样性丰富，文化遗产等数量众多，因各地区历史文化的不同，导致各地区对于长江国家文化公园建设与管理持有不用的意见。针对以上内容，我国专家学者认为应该进行社区自治，长江国家文化公园建设困难较多，加上各地区地形地貌的不同，无法做到统一治理、统一决策，而原住居民对于当地较为熟悉，且针对当地的开发与建设能提出宝贵的意见与建议。由统一规划向共治共享的转变，是国家针对地区文化保护出台的较为有效的政策。采用社区治理，由社区进行民主管理、民主

---

① 伏虎.融入"一带一路"和长江经济带发展的节点城市：类型识别与路径研判[J].成都大学学报（社会科学版），2021（5）：32-44.

决策、民主监督，将极大地调动人民对于长江国家文化公园的关注度，人民也会进行建言献策，以此来推动长江国家文化公园的发展。

长江国家文化公园的建设也应该针对土地做成相应的决策，长江沿岸地权较为复杂，近几年有集体土地不断提升的特征。长江国家文化公园的建设也关注到了这一点，针对以上内容，专家也提出了相应的建议：通过采用赎买政策、保护原有土地权、共同管理等多种方法实现土地的合理分配。通过规划土地权，使的在长江国家文化公园建设过程中做到产权结合、权责明晰，当出现意外情况时，也可立即追究其责任人。当然，由于地权的多样性以及复杂性，地权多数情况下不能由个人赋予或者由个人侵占，需要国家进行统一管理、统一规划，国家明确地权所有人，然后由管理人员与所有人签订权利与义务合同书，以此来维护地权所有人的合法权利。

二、地方体制建设与规划

（一）地方体制建设内容

1. 协商共建，产权结合

长江国家文化公园的体制建设需要做到多方面、多层次、多角度的集合，因此需要召集各方面的专家进行共同协商，在长江文化会圆桌会议上，各方面的学者与专家聚集于此针对长江国家文化公园建设（重庆段）提出了宝贵意见：长江国家文化公园的建设需要与产业多元化的发展脉络相结合，重庆作为长江国家文化公园建设的重要试点地区，应该做到引领与带头的作用，在产权结合方面应该积极进行探索。要合理规划长江沿岸产业发展内容，构建第一、二、三产业协调发展的局面，同时针对企业要合理赋权，企业只有在拥有足够的自由度的前提下，才能做好每一项内容。当然，企业赋权不可以将权力直接交给企业，相关管理部门应该在充分调查的基础上，加上对其企业文化、企业管理规章制度、企业经济条件等多方面进行综合考察之后再给予相应的权力。产权结合不仅是相应时代发展趋势的要求，也是推动长江国家文化公园走向世界，提升长江国家文化公园知名度的必要举措。

2. 分级决策，统筹推进

长江国家文化公园在建设过程中出现了多部门管理，多人主导等现象，重庆市针对以上内容召开了系列会议并且组织相关人员进行考察调研。通过多方面的研讨与协商，重庆市提出多级规划的建议，由于多部门管理、多人主导等会延长长江国家文化公园的建设时期，因此将多部门管理等调整为多部门参与决策，决策建议等再上报上级部门协商批准，然后优中选优，以求实现计策最大化。将研究院、政协、人民群众、高校、企业等意见进行分化，然后择优选取，不仅会加快决策与管理等过程，也会提升决策与建议的质量。当然多级决策的角度不仅仅是在角色分类上，决策内容也要进行划分，如将土地资源、文化资源交由相关的部门负责，将基础设施建设，重点工程建设分别交由不同的管理部门管理等。在分级决策的基础上，还要进行统筹推进，否则会出现"短板效应"，导致某一方面建设进程缓慢以及建设日期过长等。相关管理部门应该采用定期合作商讨、定期报告、参与监督等方式积极把握建设过程。相关管理部门需要做到平稳地推动长江国家文化公园实现高质量建设，在此基础上还要把握各方面的建设进度，各建设进度之间不可以差距太大。

3. 特色化建设与国际化视野

根据长江国家文化公园试点的建设情况，我们不难发现，其本身存在建设项目单一、建设范围笼统、建设角度狭隘等问题，由于试点的建设需要与整体的长江国家文化公园建设一起协商考虑，因此这些问题的出现是在所难免的，但是为了让长江国家文化公园建设具有自身的独特性，我们应该将地方元素融入其中，以此推动长江国家文化公园成为中国独有的国家文化公园。湖北省在多次的工作研讨会上也对长江国家文化公园（湖北段）如何建做出了明确的回答，长江国家文化公园（湖北段）会以湖北文化为依据，在顶层设计方面会做出合理化决策，通过多角度思考、多维度探讨，建立湖北省国家文化公园建设领导工作组，并及时召开领导小组会议，审议印发《长江国家文化公园湖北段建设推进方案》。同时将管理层进行系统划分，特别是成立专业的领导小组对项目进行跟进。

长江国家文化公园的建设也需要与世界接轨的国家公园，除了需要了解自身的发展状态外，还需要了解世界上的国家文化公园建设现状，通过了解美国黄石公园等建设体系，取其精华，结合中国建设现状，合理地运用到我国的长江国家文化公园建设方案中。长江国家文化公园必须与中国特色社会主义制度的要求相符合，打造特色化国家公园，同时效仿"丝绸之路"经济带与"海上丝绸之路"经济带的管理方法，打造出符合世界、吸引世界的长江国家文化公园，以此来彰显中国的文化自觉与文化自信，促进中国文化的传播，让更多的人了解中国文化的博大精深。

4. 价值量化，依法而建

目前，我国的景区建设以及生态自然保护区建设都会进行价值量化，通过价值转化的原理，将资源现状转换成同等价值的等价物，以此来充分地估量景区或者生态自然保护区拥有的自然价值含量，此目的不仅仅用于估量价值，更多的是通过价值转换来判断当地是否符合法律法规的要求，去判断当地对于自然资源的损害或者保护程度，以此规范景区或者生态自然保护区管理部门的行为。针对长江国家文化公园的建设，也有部分地区积极建议运用此方法，江苏省地处长江中下游地区，地区资源丰富，长江给予的生物及水资源推动了江苏很多产业的快速发展。江苏省在国家文化公园规划出台之后，积极进取，探讨其当地的长江国家文化公园的建设方针，通过实地勘察，众多的专家学者发现江苏虽然物产丰富，其旅游业也发展较好，但是旅游资源存在被破坏、物种多样性减少等现象，所以专家学者认为通过价值转化会减少这些现象的发生，促进当地以及景区的规范建设。当然，价值转化由于地区不同、物种不同等原因，其指标以及判断标准还没有做到统一规划，因此在价值转化过程中要按照目前已有的法律条文进行建设，与长江相关的法律条文具有约束性、规范性，这也促进管理人员在勘测或调研过程中减少主观因素的影响。目前长江国家文化公园的建设除了遵守与国家文化公园相关的法律之外，还要遵守与长江有关的法律条文，如《长江保护法》等，长江国家文化公园在建设过程中必然要对土地、水资源、树木、动物等进行处理，或多或少地对当地环境造成一定的影响，遵守相应的法律规范会使得这些影响最小化，对于当地的破坏也相对较少，符合人与自然和谐相处的原则。

目前各个省市都开启了长江国家文化公园的建设工程，目前各个省市建设进度不同，但其建设内容大同小异，都大致围绕着"体系构建、法律约束、部门划分、产业分配、资源整合"等几个方面进行展开建设，在建设过程中，不断地革新决策内容，以此实现因地制宜、不断创新建设方案，从而促进长江国家文化公园走向国际化。

（二）地方体制规划要求

1. 契合"十四五"规划

在"十四五"规划中，明确了长江经济带以及长江沿岸的发展要求[①]。对于长江经济带以及长江沿岸如何发展做了明确规划，而长江国家文化公园的建设在之前已经要求与长江经济带相互协调发展，因此很多省市认识到长江国家文化公园的建设应该符合"十四五"规划要求，各省市在建设过程中，将长江国家文化公园的建设要求与"十四五"规划的要求相结合，有的也将长江国家文化公园的建设内容融入当地"十四五"规划的建设内容中，以此促进长江经济带及长江沿岸的整体发展。长江国家文化公园的建设是时代的要求，也是"十四五"规划的要求，我国在不断发展的过程中看到长江的资源优势，通过不断地实践，促进了长江经济带及长江沿岸的经济发展，提升了人们的幸福感与获得感。而长江国家文化公园的建设也具有此意义，长江国家文化公园的建设内容深深与"十四五"规划相联结，通过长江国家文化公园的建设，推动一批新兴产业的出现，完善当地基础设施的建设，同时传播长江文化与宣传祖国的大好河山，提升中国人民的民族自信心，为促进当地的发展提供强有力的支撑。

---

① 李金华."十四五"规划背景下长江经济带发展的政策、格局与路径［J］.财贸经济，2022，43（4）：129-146.

2. 呼应其他国家文化公园

长江国家文化公园的建设与其他国家文化公园的建设不可分割，长江国家文化公园的建设不可以作为一个独立的个体存在。因其独特性与建设内容的交叉性，长江国家文化公园的建设进程缓慢，其建设必须了解其他文化公园的建设情况，通过借鉴其他文化公园的建设经验，来减轻自身建设的压力与困难，以此减少过程中的资源消耗。例如，目前黄河国家文化公园、长征国家文化公园、大运河国家文化公园等都取得了一些成绩，其中很多省市的建设内容也得到了媒体与人民群众的认可，获得了一定的知名度，长江国家文化公园的建设可以借鉴其中的优秀之处，通过结合当地的实际情况与这些优秀之处，促进当地长江国家文化公园建设方案尽快落地。当然，由于各个国家文化公园的建设侧重点及建设类型的不同，这也导致了在借鉴过程中需要进行深思熟虑，在与其他国家文化公园相呼应时，也要对照两者之间的资源、文化、历史等是否契合，在充分考虑的基础上积极响应其他国家文化公园，使之成为一个完整的体系。

长江国家文化公园在建设过程中也要了解世界对于国家公园的要求，其他国家的著名公园为何会有一定的知名度，其建设内容是怎么确立的，建设历史是什么，这些都是应该了解并且考虑的。"前人栽树，后人乘凉"，只有了解前者的建设现状以及建设过程，我们在自身建设过程中才能减少失误，减轻资源浪费。当然在了解过程中我们不难发现有的国家公园已经由成熟期过渡到衰退期，改革措施可能加速其衰亡，我们可以吸取这些建设过程中的经验教训，在之后的建设过程中做到避免或者减少采用此类方法。

3. 符合可持续发展要求

目前，很多风景区以及生态自然保护区积极向长江国家文化公园进行过渡①。这些组织在过渡时都会或多或少地对于自然景观造成一定的破坏，有的也会对当地的环境产生一定的影响，因此在长江国家文化公园的建设过程中，

---

① 李海生，杨鹊平，赵艳民.聚焦水生态环境突出问题，持续推进长江生态保护修复［J］.环境工程技术学报，2022，12（2）：336-347.

要符合可持续发展的要求，坚持保护与发展并行，长江经济带及长江沿岸本身资源存在脆弱性，很多资源为不可再生资源，长江国家文化公园在建设过程中应重点关注这些不可再生资源。有些资源还存在独特性、不可修复性等，国家虽然已经出台相应的法律法规去限制人为的开发与破坏，但是很多地区由于监管不力等原因也会对这些资源造成破坏，各省市在建设过程中应该再次重点去维护这些资源，防止这些资源被二次破坏。长江流域也存在一定的资源是可再生的，也有些资源是可以进行反复利用的，长江国家文化公园的建设可以充分运用这些资源，将这些资源转换成经济或者文化优势，提升当地的整体实力，或者运用这些资源打造专属产业，完善相关的产业链，促进当地资源文化之间的协同发展。

长江国家文化公园的建设也应遵循一定的发展原则，由于长江沿岸的部分资源与产业具有极高的经济价值与社会价值，长江国家文化公园的建设可以将这些资源与其他地区的资源相结合，在地区联动的基础上，实现不同地区之间的资源整合，以此实现资源的最大化利用。由于资源种类不同，在进行地区联动时，需要充分考虑资源的有效性，有些资源存在一定的时效性以及运用范围的限制性，所以这些资源可以优先进行资源转换或产品加工升级，防止这些资源被二次损耗。长江国家文化公园的发展建设内容还需要积极与世界接轨，发展不可以"闭关锁国"，发展需要积极与世界相互沟通，通过长江这一条天然水道，将长江国家文化公园的资源优势打造成产品优势，延长长江国家文化公园的产业链，打造附属产业结构，在发展旅游业的同时积极开展多元结合，实现"旅游＋互联网""旅游＋产业""旅游＋文体""旅游＋教育"的多元互通。

4.适应新时代发展潮流

在新时代背景下，所有的产业都有了新的面貌与发展条件。在大数据条件的支撑下、新疫情时代的影响下、新发展理念的驱动下、人类命运共同体的责任下，长江国家文化公园的建设不得不紧跟时代的发展潮流，长江国家文化公园的建设需要积极采用大数据技术，通过大数据技术实现资源调查、整合、修复等工程，大数据给予的不仅仅是资源及时间成本的降低，更多的是让长江国家文化公园的建设攻克技术上的难题，使长江国家文化公园的技术含量得到提升；当然，针对后疫情时代的影响，长江国家文化公园在建设过程中也要积极进行应对，长江国家文化公园在建设过程中要积极响应政府的号召，通过合理合法的防疫政策、定时定点的核酸检测、常态化的景区消毒、员工岗位的动态调整等多种措施来防止疫情对长江流域产生影响；新发展理念下，"绿色、创新、协调、开发、共享"逐渐成为发展的主角，其发展理念应该积极融入长江国家文化公园的建设之中，通过调整产业结构、革新基础设施建设、创新企业文化、划分资源范围等多种举措让新发展理念贯穿于长江国家文化公园的建设之中；人类命运共同体的理念之下，长江国家文化公园的建设应该与环境、气候等相协调，由于长江流域环境复杂、气候多变，长江国家文化公园在建设过程中应该及时对环境、气候等进行检测，防止破坏气候、污染环境现象的反复。长江国家文化公园只有紧跟新时代的发展潮流，才能真正推动长江文化走向世界，提升国人的文化自信，推动长江国家文化公园进入国际视野。

三、体制建设带给我们的思考

（一）顶层设计与依法监督

长江国家文化公园的建设应该在顶层设计上坚持依法依规建设与指导，由于目前长江国家文化公园相关的法律法规较少，在建设过程中，可以遵循与长江或长江经济带相关的法律法规，如《长江保护法》。长江国家文化公园也应该积极探索体制构建内容，在体制上适应长江国家文化公园的建设现状，以此完善长江国家文化公园的建设体系。当然，长江国家文化公园也应该积极做到依法监督，由于长江国家文化公园在建设过程中存在执行不规范、部分管理人员管理不到位等现象，因此长江国家文化公园应该积极开辟监督渠道，通过信访、人大代表联系群众、舆论监督、民主监督等多种方式实现长江国家文化公园建设过程公开化。由于目前监督机制尚未健全，长江国家文化公园可以通过调整体制结构，设立相应的监督管理部门来弥补这一缺陷。长江国家文化公园只有在顶层设计与监督机制上不断完善，才能推动长江国家文化公园的建设完成实质性的转变。

（二）资源转换与价值传播

长江文化既包含丰富的物质文化资源，也包含丰富的非物质文化遗产[①]。这就要求长江国家文化公园的建设将这些丰富的资源优势转换成自身的经济优势与文化优势。江西省发布的《江西省人民政府办公厅关于推进旅游业高质量发展的实施意见》中，肯定了江西省本身拥有的生态文化资源，并且明确规定要将拥有的生态文化资源转换成文化资源，通过打造独有的物种品牌，建设相应的风景名胜区，推动长江国家文化公园（江西段）的建设有序进行，从而促进江西省的物种品牌宣传与传播。当然，资源转换只是一个过程，我们需要实现的是在资源转换之后促进长江文化的价值传播，长江本身所拥有的生态资源、文化资源最终都会想成一定的价值媒介来体现，我们需要通过价值媒介实现长江文化的价值传达，以此来推动中国长江文化走向世界，提升长江文化在国际上的知名度，吸引境外流量，推动中国旅游业的发展。

（三）政府主导与社会参与

我国目前很多的景区建设是采用政府主导与社会参与的，政府通过规划景区建设的项目内容、建设时期、建设范围等内容来制约景区建设，防止景区过度破坏环境，当然景区也拥有一定的自由度，可以制定景区管理规范，管理景区内部运营状况。在政府主导的同时，社会也要积极地参与，社会需要监督景区建设情况，通过查看景区官网、查阅景区资料公示情况、自我调研等多种途径参与，社会参与其中也会制约景区建设，防止景区肆意破坏社会环境。长江国家文化公园的建设也坚持政府主导与社会参与，《长江国家文化公园（湖南段）建设保护规划建议稿》中，明确规定了长江国家文化公园（湖南段）要坚持政府主导，政府要定期定点地对于建设项目进行监督、指导、调整，同时也强调了社会参与的重要性，对于社会参与，建议稿中也描述了哪些组织及群体可以进行参与。长江国家文化公园的建设与每个人息息相关，因此政府必须

---

① 周跃辉.长江经济带建设六周年：如何共抓大保护促进高质量发展［J］.党课参考，2022（2）：43-59.

高度重视其建设情况，同时社会也要积极参与其中，充分运用自觉的权利，规范长江国家文化公园建设者的行为，长江国家文化公园的建设充分体现了民心所向，长江国家文化公园是各省响应群众的建设方案，它反映了人民对于长江的热爱与呵护，所以各省长江国家文化公园的建设方案必须反映民情，让人民群众参与其中，听取人民群众的意见，将广大人民群众的意见纳入建设方案之中，这样才能把握民情、响应民情。

（四）多方协调与多面考虑

长江国家文化公园的建设不仅仅是一方的责任，而是整个体制都要持续关注的[1]。因此长江国家文化公园的建设需要两会、媒体、政协等多方协调与关注，为长江国家文化公园的建设提出宝贵建议。两会期间，贺云翱作为国家文化公园建设工作专家咨询委员会委员为长江国家文化公园的建设建言献策，针对长江国家文化公园，提出与长江经济带、生态建设带协调发展，同时提出有机整合和联动机制等理念，促进长江国家文化公园建设方案的形成；媒体作为重要的文化传播媒介，对长江国家文化公园的建设也有一定的影响，媒体将会成为长江国家文化公园建设的重要宣传载体，通过媒体我们可以看到长江资源的优势，环境治理也使长江的生态环境得到了巨大的改善，而长江本来的面貌也展现在媒体之上。保护好长江文物和文化遗产，传承弘扬长江文化成为媒体工作者及广大人民群众的意愿。政协关注更多的是长江国家文化公园在哪些方面进行建设。政协委员通过群众信访、深度调研等多种渠道不断探索长江资源的优势条件，对于长江的文化建设方面也提出了很多有利的意见。

当然，长江国家文化公园的建设需要进行多面的考虑，由于长江国家文化公园建设内容众多，这不仅需要在宏观上将经济、政治、文化等方面考虑在内，在微观上，还要将资源、环境、气候、基础条件等内容考虑在内，通过整合微观与宏观的条件与了解存在的差异，长江国家文化公园的建设过程能够实现协调推进。

---

[1]　郑毅，胡旭东.长江经济带和长江大保护背景下更好发挥流域机构作用的探讨［J］.黄冈师范学院学报，2021，41（6）：22-26.

长江国家文化公园的法律建设目前处于不断完善的阶段，在多方面都处于初步形成与筹划时期，法律建设的形成不可能一蹴而就，需要经过一定的时间检验才能够形成。在顶层设计在要做到尽善尽美，同时加强依法监督，完善监督体系，构建适合长江国家文化公园的监督组织结构，同时在微观上要促进资源转换与价值传播，提升长江文化的影响力与号召力，提升国人的文化自信。在建设过程中，要加强政府主导与社会参与，约束长江国家文化公园建设管理者的行为举止，使得长江国家文化公园建设过程公开化。由于建设内容复杂化，我们还需要加强多方协调与多方考虑，为长江国家文化公园建言献策。

第六章　长江国家文化公园现存问题

一、家底不清

　　长江国家文化公园沿线的各省、区、市对于自身的物质文化遗产、非物质文化遗产和代表性传承人都有详细的记录和相应的认定与管理办法，形成了四级保护体系，明确了在遗产保护工作中的责任、权利和义务，但仍存在着大量的长江资源遗失、损毁的情况，围绕长江文化主题的遗产内容仍没有得到提炼与总结，如文物古迹、非物质文化遗产、古籍文献、文化技艺传承人等，这些都亟须地方进行资源的梳理认定，展开高质量的抢救保护。

（一）资源保护体系交叉重叠

　　首先，国内虽然对于文物保护工作开展较早，但是更广泛意义上的文化遗产保护认识和研究则开展较晚，对于文化遗产保护体系的构建也不够深入、系统，且受国际文件和西方先进经验的影响较大，但是我国文化遗产的物理性质和欧洲、美洲不同，文化遗产事业的发展程度也不相同，这就造成了我国的现代文化遗产保护体系存在诸多问题。长江国家文化公园由于自然生态环境具有复杂性，历史文化环境庞大反复且关系错综复杂，如长江文化不仅要涵盖本身具有物质文化遗产和非物质文化遗产，还要包含进中国共产党百年历程中形成的革命文物，现有的文化遗产保护体系无法为长江遗产保护提供清晰的目标导向。其次，由于长江流域范围内涉及的文化遗产资源众多，各个流域区段的文化遗产资源存在概念界定模糊、分类不清不楚的问题。2017 年，住建部《风景名胜区分类标准（征求意见稿）》中坦言，2008年公布的《风景名胜区分类标准》在规划中没有对不同类型的风景名胜区提供清晰的差异性引导，没有突出管理的重点，且风景名胜区的类别划分也存在交叉、重叠、覆盖面较小的问题。这就造成整个文化遗产保护体系存在着松散、混乱的状况，对长江文化遗产资源的摸排调查和对其隶属关系的确认造成了阻碍。

（二）资源评价方法不精准

在长江国家文化公园的建设中，现有的文化遗产资源评价方法的局限性会影响长江国家文化公园的长远发展。目前我国对于文化遗产资源评价主要集中在对旅游价值方面的评估，并已经形成了一套较为成熟的旅游资源评价方法体系，评价指标体系的构建目的是了解该地区的文化遗产资源旅游开发价值。在文化遗产资源评价方法上，经过数年来专家的研究已从原来的主观经验判断的定性评价（如SWOT分析法、"三三六"评价法），逐渐发展成定性、定量研究相结合的方式（如专家打分法、均方差法、加权求和法、层次分析法、综合评价等方法）。这些评价指标体系的建设也大多聚焦于文化遗产目的地本身，并更加侧重对于非物质文化遗产旅游资源的价值构建起评价指标体系，基本上对综合评价层次的构建集中在资源禀赋条件、客源市场条件、遗产地旅游发展潜力三个方面，并层层细化评价指标，对文化遗产的等级、价值影响范围、产品衍生性、艺术观赏性、科研教育性、自然环境影响、交通可达性、遗产地开发潜力、遗产地开发条件、利益相关者影响、开发效益等评价要素运用科学测算，量化指标，最后结合主观评价的方式判断该地区的文化遗产旅游开发价值。

然而这样的评价指标体系对于长江国家文化公园的建设并不十分适用，对长江国家文化公园的评估维度缺乏多个视角。一方面，长江文化公园所具有的资源条件非常复杂，仅凭几个价值要素的判断指标，难以衡量文化遗产集群所产生的效益。文化遗产资源不全是固定的静态遗产，有相当一部分是仍有鲜活生命力的动态遗产。长江的历史、生态、文化资源经过数千年的传承与发展，在顺应自然与社会环境的变化后，长江文化作为自然的衍生物不可避免地和长江生态产生了密不可分的联系，成为与长江生态系统相互影响、相互依存的文化形式，使得长江文化遗产本身具有了丰富的特性。而且长江国家文化公园作为大型线性文化遗产，文物和文化资源在空间布局上存在集中与分散相结合的资源特征，文化内容上兼有多民族文化的差异性和包容性，也有明显的审美和使用功能的区别。同时，由于长江国家文化公园所具有的文化遗产类型众多，所涉及的指标会更加宽泛，因此，对设计出定量的指标有较大难度。

另一方面，现有的评价指标体系根本目的是服务于旅游经济的实现。而长江国家文化公园建立的基本出发点是为了塑造一个中华民族多元文化一体格局的象征，向长江致以最崇高的敬意。评价指标体系中对于遗产地旅游发展潜力的衡量指标主要集中在遗产知名度、遗产适合观光游览时间、遗产表现形式、区域经济发展水平、旅游环境承载力、遗产地可进入性、旅游相关设施配到情况、与其他旅游资源组合容易程度等。其中一些评估目标虽然对长江国家文化公园的建设有一定的帮助，但是由于其本身具有的单独地域性特点，难以覆盖整条线性文化遗产建设的评估。这样的研究、审定工作体量十分庞大，需要重新确认各项目指标的权重，并且由于覆盖多地区面积，在时间上、空间上情况会更加富于变化，受时空因素影响较大，在实际操作过程中也会面临着数据更新缓慢等问题。因此，提升长江国家文化公园资源评定方法迫在眉睫。

二、保护不力

（一）缺乏统一协调的完整性保护

长江国家文化公园跨越 13 个省区市，在其成立以前，长江沿线分布着众多不同族群、不同信仰、不同习俗的文物和文化资源。国家文化公园作为一个"国家文化认同"的出现，目的之一是将不同的地域文化有机联合起来，使得各个曾经或独立、或存在分歧的文化族群之间，逐渐消融隔阂，达成彼此谅解，最终形成全中华民族的文化认同。要达成这个目标，长江国家文化公园需要立足于中国的线性文化遗产理论。

线性文化遗产是从欧洲的文化线路理论（cultural routes）、美国的遗产廊道理论（cultural corridors）等遗产理论的基础上形成的，旨在将拥有文化遗产的线性的或者带状的区域串联起来，构成一条具有人类特殊目的的纽带，使得各地域的文化遗产交流互动，在再现历史的基础上，赋予新时代的社会功能和人文意义。线性文化遗产的保护理念是将曾经静止的、独立的遗产向动态的、联合的遗产群体方向发展，实现对遗产资源的规模化综合利用。

1. 整体文化遗产保护研究与实践不充分

目前，我国对长江流域文化遗产的保护仍面临着许许多多的问题，保护的遗产主体仍然以独立的点状文化遗产为主，缺失利用线性文化遗产保护理论的实践。这不仅仅是因为在长江国家文化公园提起以前，人们对于长江文化遗产的保护认识不够，存在"亲经济，远文化"的现象，对于长江文化共同体、长江文化标识的建设意识缺乏，没有将"文化强国""文化自信"落实到位。同时也存在对长江这样超大线性文化遗产保护的理论研究不深的问题。由于从事长江文化遗产研究的人才力量薄弱，又有项目资金紧张、设备仪器短缺这样不够积极的研究条件，近十年来对于长江文化的研究还没有形成系统的理论框架，研究深度和广度方面都存在一定欠缺，对长江文化遗产的研究成果更是少之又少，远远落后于黄河、大运河文化的研究。且对于长江流域内的文化遗产、生态资源的文化内涵挖掘力度不够，各研究成果之间的逻辑性和关联性也不强，无法组成一个多层次、多维度的文化遗产综合体。

2. 整体文化遗产保护不平衡

长江国家文化公园沿线的文化遗产保护不够平衡，存在着地域之间和本地域内的差异。长江中上游地区的遗产保护情况不如长江下游地区，这种由于社会经济发展水平不同产生的差异也同样表现在区域内部文化遗产保护力度不同上。比如，省市级以上地区人才充足、资金宽裕，文物能得到较好的保护，而区县基层缺乏人才、资金紧张，文化遗产保护工作十分薄弱，如此更加拉开了区域内部对文化遗产保护程度的差距，使文化遗产保护更加不平衡，导致从区域内部建立起文化遗产联系的工作举步维艰。在漫长的历史长河中，长江地区在气候、生活方式、文化心理等方面具有相近或类似的文化背景，在文化遗产上存在着相似性、相通性，承载着类似同源的历史记忆。在区域之间，由于长江国家文化公园本身具有的跨区域、大尺度、边界模糊的特性，长江上中下游的文化遗产保护数量众多，并且分布极为分散，保护情况复杂，涉及经济、文物、水利、国土、园林等多行业、多部门。同时经济发展的不平衡、不充分所导致的各地区文化遗产保护理念的差异，也使得开展线性文化遗产保护充满协同难度，跨地域、跨专业的文化遗产合作项目、活动较少。

（二）长江生态资源保护困难重重

长江国家文化公园的建设需要建立在长江自然生态和文化遗产的原真性、完整性的基础之上，以实现公园自身的可持续发展。然而目前，长江流域生态环境治理重重困难，除了普遍共识的流域内水体重金属污染、水生态系统破碎等主要问题，还存在因地区经济发展水平不同，依赖长江生态资源的程度有所差异，长江上、中、下游三大区的生态资源和承载能力与各省市发展需求产生矛盾冲突，面临着不同的保护问题与挑战。

1. 长江上游地区生态敏感度高

重庆、西藏、青海、四川、云南、贵州等省区市是在长江上游地区开展建设长江国家文化公园的。长江上游地区是生态敏感区，环境底子本就脆弱，容易受到人类行为活动的影响。上游地区地形复杂、地表崎岖，具有多种地貌类型，高海拔地区生态环境脆弱。由于人类以往不合理的、过度的开发行为，长江上游地区土地石漠化及水土流失问题尤为突出，支流小水电站众多，部分支流水质较差。自改革开放后，出于城市经济建设的需要，长江上游地区面临的问题被进一步激化，城市建设用地和城镇化的持续扩张破坏了上游地区的生态系统稳定，水源与土壤污染问题仍较为严重，随着水体流动，污染范围不断扩大蔓延，导致长江上游的生态自我净化能力和环境容纳量逐年降低，造成了长江生态功能萎缩和破碎化。而行政区属地管理模式和长江生态系统本身具有的跨地域特征形成矛盾，协同合力效率低下，对长江生态资源的保护建设形成了巨大压力。

2. 长江中游地区产业排放压力大

湖北、湖南、江西三省是在长江中游地区开展建设长江国家文化公园的。长江中游地区以平原为主，水土资源丰富，水热组合条件较好，作为长江经济带发展的重点地区，其主要面临保护与发展相协调的问题。由于长江中游地区是人口密集区，打造沿江集聚产业带，包含多个城市经济发展圈，承担了巨大的重工业聚集压力和粗放低效利用资源的不良后果。一是水资源庞大的消耗量；二是远超自然调节限度的污水排放量，导致长江中游地区的水生态安全问题日益突出。由于排污监管与治理能力较差，工业企业的清洁生产水平较低，城市排水设施存在较大缺陷，中游地带的几大重点湖泊的水质没有达标，富营养化加剧，岸线生态承载压力不断增大，社会经济发展超出了长江生态资源的支撑上限，城市居民收入水平、环境污染治理水平和资源利用效率对城市生态承载力越来越敏感。

3. 长江下游污染治理紧张

上海、江苏、浙江、安徽等省市是在长江下游地区开展建设长江国家文化公园的。长江下游地区水域面积辽阔、河湖众多，作为国家的经济中心，人口密度大，城市发展强度高、节奏快，企业（尤其是化工产业）密集，部分地区的环境污染治理基础设施仍有明显欠缺，并且在农业方面的面源污染逐渐上升，一些地方的湿地、湖泊面积缩水，水体富营养化，水生态功能失衡，尽管水生态破坏的趋势已然得到遏制，水质持续改善，但仍未达到稳定的水平，存在着三个生态方面的突出问题：一是城镇及工业污染防治任务繁重、亟待巩固；二是农业面源污染防治日趋紧张、亟待突破；三是水生态问题逐渐突出，存在一定的饮水安全隐患，长江下游地区生态资源保护依然严峻复杂、任重道远。

"共抓大保护、不搞大开发"已经成为长江资源与环境保护的指导思想，但长江水资源和环境保护与修复还存在许多问题，流域生态环境状况依然严峻，生态系统脆弱的问题仍未改变。长江流域的污染物排放量始终居高不下，尽管有一定的治理成果，但是由于上下游发展不平衡、不协调，水生态功能持续退化的问题仍然存在，难以解决。

（三）跨区域协调机制落后

我国国家文化公园概念是 2017 年提出的，出现时间较晚，到目前也不过经历了短短五年的研究，对于国家文化公园的协同制度建设依然缺乏系统、全面的调研和深入研究。长江国家文化公园的建设晚于长城、大运河、长征国家文化公园的建设，但也同样面临着如何建设管理体制的问题。

城市之间和城市之内行政区划分阻碍区域资源合作。由于长江国家文化公园横跨上海、江苏、浙江、安徽、江西、湖北、湖南、重庆、四川、贵州、云南、西藏、青海 13 个省区市，各省区市之间存在着竞争与合作的关系，各省区市内部也普遍存在着利益的协同与冲突。行政区划的制度使得长江本身完整的历史文化资源被条块分割成许多个行政区块，涉及文旅、住建、宗教、环境等众多部门，对将各省区市的历史文化资源整合造成障碍，不便于集中管理，不利于文化资源的综合开发利用，建立起长江国家文化公园的综合协调机制迫在眉睫。

针对长江国家文化公园的协同管理问题，跨区域协调发展的法律基础仍待完善。在当前条件下，由于我国文化遗产数量多、涉及地域多、利益群体分布广泛、地域差异大的实践现状，给国家早期立法工作带来了巨大的成本压力，而同步启动中央与地方立法的概率较小，地方颁布条例往往成为实践中的主要选择。国家文化公园的统筹协调机制应包括区域外部和内部的协调，但是目前整体上，区域内部的立法协调实施更好，而区域外部的协调机制并未大范围地展开。尽管江苏省在大运河国家文化公园的试点建设中多次编写文件提及立法建设、协调机制建设等相关问题，浙江省、山西省、河北省在近几年出台了地方性保护条例，广东省、贵州省拟出了保护条例送审，不断丰富国家文化公园的法律保障体系建设，但遗憾的是这类地方条例中对国家文化公园建设实施细则并未提及，协同机制仍处于法律空白和滞后的状态，后期省内、跨省协调的困难较大，制度执行力不强。而现阶段的地方立法、各自管理的尝试，也有可能在后期与上位法律、行政法规或部门规章冲突，违反法律优先的原则，加大统一立法的难度[①]。同时，考虑到各区域可利用的文化资源的差异，如果地方立法中的优惠政策有差别，传统社区、集体、个人等在"共治共享"的过程中会产生利益分配不均，最终影响到实践工作的开展。

现有的跨部门、跨地域协调机制不健全、不完善。尽管已经有了国家文化公园建设工作领导小组和办公室，但是缺乏协调众多地区和部门利益、统一保护管理制度的战略功能。长江沿线涉及的文化遗产分布地域广阔、土地产权复杂、行政区域众多、利益相关者众，区域发展不均衡所导致的在协同产业、协调产品、协同模式等方面"众口难调"。长江国家文化公园范围内原有的景点和文化保护区等，如何与长江国家文化公园本身的关系处理界定仍旧模糊。长江国家文化公园完成的期限暂无公布，然而各省已然开始争夺称号的"高地"，各省域间很容易加剧原有的交叉管理、多头管理、管理"真空"等问题矛盾，对于遗产关系重叠的区域也缺乏有效的解决机制。

另外，长江国家文化公园作为中华文化重要标志，是一项长期的、需要稳定管理的工程。然而现在管理机构的设置却大多是临时性机构，既无专门经费，又无固定人员，其中的工作人员大多只是兼顾国家文化公园的相关事务，工作延续性和系统性的构建难以保证。目前长江国家文化公园江苏段已然开始推进制度规范系统建设，但仍未见到其他省市的动作或者在其他主题的国家文化公园上制度探索的结果，管理机构的设置远落后于国家文化公园的建设要求。

与以上问题相应，当前长江国家公园内不同地域的文化产业发展水平也不平衡，长江中游地区的大型文化企业数量不多，企业规模普遍偏小，没有形成规模优势，无法形成规模效应，同时也不利于有效地整合历史文化资源。当前，长江文化发展应采取先进区域带动落后区域的模式，合理划分行业分工，防止区域文化资源的盲目膨胀，但要突破区域间的信息壁垒，建立长期、高效的文化和科技成果共享平台，还需要有明确的政策支持和指导。

---

① 汪愉栋.国家文化公园协同保护路径构建——以非物质文化遗产保护为视角［J］.河北科技大学学报（社会科学版），2022，22（1）：98-103，109.

（四）民众参与利用不足

在长江国家文化公园的建设中，社会群众对文化遗产的保护意识比较薄弱。尽管我国早就在《非物质文化遗产法》等相关法规中明确规定了公众对文化遗产的保护，但该原则并未被认真落实。在实际工作中，由于缺乏有效的公共参与机制，社会力量在文化遗产保护中的作用一直不大。主要表现为：第一，大众还没有形成对文化遗产的保护主体意识，以及对文化遗产保护的认识不足。第二，由于体制的制约，我国的文化遗产管理体系是一种自上而下的行政体系，在实际工作中，国家始终处于主导地位，公众对文化遗产的知情权、参与权、监督权都很难得到有效的保障。这就造成了在文化遗产保护中大众被边缘化的问题，而文化遗产的保护也没有广大的民众基础。第三，由于社会流动性的增加，社会结构发生了变化，使人们对文化的归属感越来越弱。由于各种原因，长江沿线传统文物、建筑、遗址、非遗项目的保护意识淡薄，造成了不可挽回的损失，是长江地区历史上长期存在的一种普遍现象。"公众参与"作为一种国际通行的保护机制，在很长一段时间内都没有得到实施，导致有关工作不能吸收社会资源，同时也削弱了外界对长江国家文化公园的监督。

三、投入不足

（一）近半数省市仍未着手规划公园建设

2022年1月，国家文化公园建设工作领导小组正式发布通知，确认了长江国家文化公园建设项目的启动。

由于项目开展的时间不长，大部分省市在原有长江经济带的建设上，开展推进长江国家文化公园的建设。如江苏、湖北、重庆、安徽、四川从专注物质文明建设，到兼顾生态文明建设，再到眼下的精神文明建设，已然取得部分重要成果，对于长江国家文化公园的规划工作也提出了相关要求和初步设想。然而由于缺乏具体的长江国家文化公园规划文件，五省市争相强调自身地域与长江之间的渊源和所具有的文化遗产价值之高，并争先打造长江国家文化公园先行示范区。

　　然而近半数省市仍未着手开展长江国家文化公园规划工作。在原本长江经济带战略部署中的上海、浙江、江西、湖南、贵州、云南六省市，仍把长江发展的主力聚焦在生态保护与修复和经济创新与开发之间的平衡工作上，出台的相关政策也更加侧重于长江生态文明建设，对于长江遗产文化的探索、挖掘工作缺乏具体的政策出台、实施与成果的展现。西藏、青海两省区原本不在长江经济带战略部署中，由于本身的经济实力差距，对于长江相关的建设更是少之又少，从收集到的相关公开的政府工作上来看，仅聚焦于生态文明的建设，或有意图依赖现有生态资源开展旅游经济活动，对于政府财政拨款极度依赖。

　　现阶段，在长江国家文化公园规划上，近半数省市表现较为保守，迟迟未见清晰的、明确的工作表态。由于国家文化公园的建设理念在近几年才推开实施，在国际上也没有先例可循，无法借鉴或复制关于大型文化公园建设的成功经验，无论是指导理念还是建设经验都缺少成熟的理论指导。如何制定长江国家文化公园建设实施方案和建设保护规划，成为困扰各省市之间的头号问题。长江国家文化公园是唯一一个和长江经济带同步建设的国家文化公园，其建设可以成为长江沿线物质、生态、精神、社会几个文明协同发展、人与自然和谐相处、东中西部协同的重要载体。而各省市之间如何统筹协调长江上中下游不同省区市之间经济文化发展不平衡、不充分问题，是否能利用长江国家文化公园的建设在一定程度上逐步弥补差距，也是各省市着手公园规划时的犹豫点。

（二）缺乏专门的资金支持体系

1. 建设资金缺口量大

　　国家文化公园已然进入了快速建设阶段，"诗与远方"的美好愿景背后，各省市都面临着同一个现实难题：长江国家文化公园建设资金缺口量大。西方国家建设国家公园时，他们需要兼顾保护文化遗产，使之不受到额外损害，但这部分的资金投入并不由国家公园管理机构直接承担，而是依赖非政府组织的基金会、企业和社区群众等。而长江国家文化公园的建设与之不同，它主要依靠政府规划，政府承担起文化遗产合理保护、活态利用，周边生态环境修复、设施配套，文化旅游产业融合、创新驱动，数字云端管理、实时把控等建设职责。要实现上述初步的构想，便已然需要数额巨大且源源不断、健康稳定的可持续资金支持。尽管中央资金会对国家文化公园建设项目有所支持，然而国家文化公园项目规模大、数量多，所需投入大，投资资产重、回报周期长、资金压力大。单纯依靠、等待中央拨款，其额度远远不能满足项目的需求，最终导致无法按期完成国家文化公园建设计划和实现建设要求。

2. 缺乏稳定的资金来源渠道

除了建设资金缺口量大，长江国家文化公园的建设也同时面临着缺乏稳定资金来源渠道的问题。西方在运营国家公园（如美国黄石国家公园、澳大利亚国家公园等）时，其管理资金的来源基本都包含政府财政拨款、社会捐赠和经营收入三个方面，资金来源渠道多元，并仍由国家统一管理。然而国内的国家文化公园资金形式主要为中央和地方政府共同承担，采取中央本级项目资金分配与管理制度，和中央对地方补助资金分配与管理制度。在确定重点项目与一般项目后，根据地方政府的申报情况，中央政府对于长江国家文化公园的部分重点项目需求，拨款分配资金。地方政府再提供配套资金支持、资金合理分配和资金预算计划。因此，地方政府是长江国家文化公园建设的资金主要供给方。同时国内针对文旅产业一直缺乏长期稳定的股权资金，由于长江国家文化公园的长周期开发和运营特点，让资金缺口的情况更加糟糕。由于长江国家文化公园横跨长江上、中、下游三大区域，经济发展水平差异极大，近半数省份的经济发展水平都较为一般，甚至部分省份的总体 GDP 不如另一些省份 GDP 最低的城市。在国家文化公园建设上，狭窄的资金渠道和羸弱的资金筹措能力，都会使得原本一个具有美好意义的建设项目，给当地政府带来巨大的财政压力。

（三）产业投入、融合不足

如何使文化遗产跟上社会发展的进程，在保存其原生的文化基因和文化符号的同时，创造出新的时代价值？为了使长江文化遗产适应快速发展的节奏，推动长江文化遗产项目的现代化转变和产业转变，跨界融入现代产业化发展，形成可进化的文化遗产传承生态链，成为保护和活化利用文化遗产的新方式。虽然在学术层面和国家管理层面对于文化遗产的保护与发展形成了多学科融合的观念，但在实践领域，即便要求开展社会调查、非遗登记等工作，文化遗产保护规划仍然更多地按照工程项目来管理，沿用着规划、设计工程的话语体系和执行标准；相应地，遗产保护教育层面虽然已开始探索，但与教学体系上形成公认可行的文化遗产调查研究多学科融合或交叉的教学方法尚有较大距离。目前文化遗产与旅游业和文化创意产业的融合研究较多，但与第一产业和第二产业的结合深度远远不够，且创新点不足，跟不上新时代人们的精神需求和消费需求，与第三产业的融合度也不够高，缺乏对于遗产资源背后文化深度的挖掘，无法发挥其精神价值，在核心竞争力上有明显的短板，打造不出 IP 系列文化，面临着相当严重的同质化竞争。总体来看，长江国家文化公园的跨行业资源融合发展仍处于较低的水平。

此外跨行业发展长江文化遗产，需要大量相关行业的人才，更需要复合型人才。投入长江国家文化公园建设的人才，不仅要了解文化遗产保护视野，知晓国内外活态利用文化遗产的先进方向，也要了解其他产业的最新动向与创新创意，以便日后能融会贯通，实现"1+X"文化遗产产业战略布局。然而在当前产业融合方面的人才数量仍旧短缺，甚至相当匮乏。在高校教育中也缺乏旅游业或者其他产业与文化遗产保护相融合的课程。复合型人才的出现更加依靠在实践中的经验积累，依然需要耗费大量时间才能投入长江国家文化公园的多产业融合发展工作中。

四、利用不足

（一）文化资源整合不充分

1. 未充分挖掘长江文化遗产价值

长江国家文化公园中的文化遗产价值未得到充分挖掘。长江国家文化公园覆盖范围广大，所含有的文化资源数量特别庞大，文化资源类型也十分繁多，有世界文化遗产、世界自然遗产、国家地质公园、国家级风景名胜区、国家自然保护区、国家湿地公园、国家森林公园、国家历史文化名镇、全国重点文物保护单位等，此外还有浩如繁星的国家级非物质文化遗产项目、民俗、民间曲艺、舞蹈、音乐、传说、戏剧等，体量惊人、洋洋大观且每个都具有鲜明的特色与个性。长江流域的文化多元而丰富，根据地理区域划分，有长江上游的游牧文化、巴蜀文化、夜郎文化、古滇文化，有长江中游的荆楚文化、湖湘文化、赣鄱文化，有下游的吴越文化、徽派文化、海派文化。文化是人们在漫长的社会生活中不断积累形成并传承下来的，要挖掘出文化资源本身的魅力，需要融入现实生活中，整合出长江文化遗产资源对当今社会的影响力。

从整体上看，长江历史文化资源具有极大的经济价值、文化价值与社会效益，其空间分布和其影响力具有跨地域的特点，但是聚焦到一个单独的文化种类来分析，无论是其物质文化资源，还是非物质文化资源基本上处在一种独立且分散的原生状态。由于对于长江文化资源保护利用不善，一些长江文化遗产实体在城市经济发展、旅游项目开发过程中遭到毁灭性破坏，部分产生经济效益不强的文化资源被忽视冷落，随着非遗传承人迫于生计改换行业赚取收入，只能任由传统技艺、民俗文化逐渐陨灭，长江文化资源严重流失。碎片化形式的长江文化资源难以全面展现长江国家文化公园的地位与魅力。

2. "碎片化"保护和利用文化资源的困境

由于长江上、中、下游各地区之间经济、社会、文化发展不平衡，其对于长江文化资源的保护与利用和新时代中国特色社会主义建设的要求还不适应。在互联网时代，人们的生活生产方式都发生了巨大变化，思维方式和娱乐习惯也与往日不同，然而在文化资源利用的方式上依然比较传统、守旧，出现了"只保护、不利用"的困境，与新时代社会发展和人民的精神文化需求存在不同程度的脱节现象。将长江文化融入日常生活的力度不足、缺乏社会普遍情感共鸣，使得在认知层面上只有少数长江文化的专家了解其文化内核与价值，对于长江文化的继承和发扬出现缺失现象。许多地区在开发和利用文化遗产资源时效率低下，普遍忽视了将不同地区、不同时期的零散资源进行有效整合，仅仅是在遗产保护区域上"画个圈"，孤立地开发利用文化资源，没有灵活地与其他生态资源、传媒资源有机融合。相关文化产业也经营分散、规模小且产出单一，并没有被整合起来形成具有鲜明特色的文化产业集群，在对外宣传推广上手段落后、各自为政，依旧停留在依赖现有资源消耗获取相关效益上，造成长江文化传播范围低，文化资源挖掘浅薄、整合几乎为零，无法形成品牌效应、产生较好的社会效益。甚至发生了相互冲突、互相减损的后果。

（二）文化遗产活化利用存在难点

长江国家文化公园的文化遗产活化利用仍然困难重重，面临着观念传统、依赖政府、资本影响这三大问题。

1. 文化遗产利用理念较为传统

在当前长江沿线城市对于文化遗产的利用理念较为传统，主要以静止的、独立的、项目性的利用手段，沿用"限制型"保护为中心的传统模式，目的仅是防止现代经济社会生活对长江文化遗产的影响，使它不再遭受损害。而部分与公众社会生活相连的方式，是将文化遗产作为公共文化服务中的重要资源进行利用，如将一些建筑类的文化遗产建成博物馆、展览馆，为民众以科普的方式再现其价值。在这样的传统保护理念下，文化遗产被当作稀世古董高高架于尘世之上，本身所具有的功能，在社会生活中能够发挥的价值被完全抹消，其所蕴含的情感、文化、历史被生硬地从社会群众心中剥离开来，变得黯然失色，成为徒有历史象征表皮的物件，导致人们无法从文化遗产中获得情感共鸣与文化认同，文化遗产保护和社会经济发展、人民精神文明追求之间矛盾日益突出。文化遗产资源蕴含着我国的传统价值观念与民族精神联系，在 5G 时代下，长江文化遗产数字化、信息化程度依旧较低，更不利于走入社会群众的视野并得到二次创作的机会。本土民众得不到必要长江文化的宣传和教育，导致当地民众既不能很好地看待长江沿线优秀的文化遗产，也谈不上良好传承、传播文化遗产价值精神了，更无法使之成为人民群众的文化自信源泉。

2. 文化遗产发展高度依赖政府扶持

文化遗产的封闭化利用造成了对政府扶持的强烈依赖，政府负担起管理文化遗产的全部责任。中华人民共和国国成立以来，文化遗产管理主体以国家组织领导的行政管理机构为主体。然而由于经济发展差异和文化意识不同，有些地方政府并没有制定有效的当地政策和制度对文化资源有效管理，管理队伍中也存在专业人才不足、管理人手不够等问题，自上而下的行政管理制度是当今文化遗产保护制度的核心，造成长江文化遗产保护与利用缺乏社会力量的广泛支持与参与。当下，社会力量以积极的态度和多种方式介入文化遗产管理，管理主体由单一的政府主导变革为政府与企业经营管理共存，管理机制也从传统的政府主导下的专家咨询模式，逐步向全民共同参与治理的模式转变①。但是，由于我国的市场化改革还没有完全结束，公益组织、社会力量进入政府机构仍处于改革和探索的过程中，并且相关法规、制度等建设有所滞后。同时由于社会公益组织中涉及的盈利主体众多，在介入范围、方式、程度和效力等管理方面难以把握好分寸，这些都是在长江国家文化公园建设中亟须解决的问题。

3. 资本对文化遗产的侵蚀

长江国家文化公园在文化遗产活化利用的过程中，会面临资本介入引起的与文化价值对立的问题。习近平总书记曾强调："人类文艺发展史表明，急功近利，竭泽而渔，粗制滥造，不仅是对文艺的一种伤害，也是对社会精神生活的一种伤害。"资本对于文化遗产活化利用已然"虎视眈眈"，他们评价文化的价值与其本身的价值存在巨大的差异——资本更注重经济回报。资本所需的是能够产生增值作用的文化形式和文化工程，以及能在短期便产生经济效益的文化工业。根据这个内在逻辑，资本会更加推崇对可以流行开来、成为大众文化的文化遗产，而对不具有此"亲民"特性的文化遗产的继承与发展则会越来越弱。如果没有长期的、超脱于眼前利益的目标，以长江文化作为精神内核支撑的长江国家文化公园，就会失去它建立的初心和使命，丧失掉人民达成共鸣、赖以生存的文化精神。如果放任资本在长江文化遗产活化利用中占据主导地位，不但会对人民的生存空间造成损害，而且很可能会摧毁祖先所打下的深厚的文化根基，失去文化内涵。如何寻找一个协同点，让各利益主体在某种程度上达到平衡状态，以实现利益最大化，将是当下长江国家文化公园文化遗产管理面临的新课题。

---

① 李丰庆，刘成.中国文化遗产管理发展与管理模式构建研究［J］.西北大学学报（哲学社会科学版），2021，51（4）：136-144.

第七章　长江国家文化公园建设建议

一、摸清家底

（一）建立分类科学的国家现代文化遗产体系

1. 注重长江文化资源完整性

面对大型线性文化遗产，长江国家文化公园应从系统的、全面的视角，由传统的"以遗产资源为目标"的分散保护模式向"以管理资源为目标"保护模式转变，建立起分类科学、行之有效的线性文化遗产保护体系。长江国家文化公园所具有的遗产资源不限于某一种，丰富的物质文化遗产、非物质文化遗产和自然遗产下蕴含着丰富的历史文化。

因此，应当从横向和纵向上对以长江国家文化公园为核心的文化遗产保护体系进行分类。要在横向上注重文化遗产资源的完整性。不同于原来文化遗产名录的机械式整合，在长江国家文化公园建设时应首先遴选出具有突出意义、重要影响、重大主题的文化遗产，结合国土空间规划，优先按照法定文件和管理要求，划出清晰的保护范围界限与衔接范围空间。在规划时应充分结合长江流域文化遗产的实际情况，侧重考虑以下四种形式的遗产线路集合体构建文化体系：（1）围绕交通道路（如茶马古道、河道、近代铁路等）；（2）因地势河流分布；（3）文化遗产本身具有线性特征；（4）本身无明显物质串联，但有名人历史游记形成线路性文化互动。

2. 构建长江遗产保护管理制度

要在纵向上注重文化遗产资源管理的专业性。在遵循国际先进经验的基础上，整合长江国家文化公园重要文化遗产，按照遗产价值、文化代表性、保护力度等划分出遗产地类型、等级，并对公园内不同类型的文化遗产地，应用不同等级的保护与利用办法及监督机制。因此要通过政策、制度、标准和条例等手段来实现对国家重要文化遗产的保护，加强法制建设，构建完善的文化遗产法律体系，避免陷入法律空白、管理失当的局面。要重视文化遗产保护体系划分时定义交叉、空间重叠的问题，如有条件，应在《中华人民共和国文物保护法》的基础上，建设《长江文化遗产保护管理办法》或《保护长江文化遗产的协定》，为长江线性文化遗产提供法律支持，打破传统的"只保护、不利用"的保护理念，解决近年来在遗产保护与发展方面出现的问题，走上规范化、法制化的建设道路。应该及时更新《风景名胜区分类标准》并将线性文化遗产的分类纳入其中，优化边界与功能分区，从增强民族文化自信、培养民族文化认同感的高度来建设长江国家文化公园。

（二）增进国家文化公园资源评价方法的适应性

长江的历史资源、生态资源、文化资源经历了千百年的传承和发展，在不断迎合自然与社会环境中无数次地调整与适应，逐渐演变与沉淀，形成一套与生存环境相互影响的作用机制。跨区域的特性导致长江的单个文化遗产资源分布较为分散，处在众多行政区划中，并且所处的地理环境复杂多样，拥有的开发条件和能力也各有不同。对这样跨地域的文化资源评价，不能仅从文物和文化资源的类别构成、濒危状况、保护状况、资源价值进行评价，还应对其所在的区域环境和开发条件进行评估，分析出各类文化遗产资源的价值等级，并匹配上对应的保护形式。这样的资源评价方法对于长江国家文化公园的建设有着促进作用，对地方社会的整体发展也具有重要意义，对日后申报联合国教科文组织认定世界文化遗产工作也有着重要的推动作用。

在构建长江线性文化遗产评价体系时，应遵循分层合理性原则、客观定量分析原则，兼顾物质文化遗产和非物质文化遗产。相较于静态文化遗产，线性文化遗产会具有更多的动态特征，主要是在社会群众的生产生活方式中发挥着价值作用。因此，在确定指标的过程中，需要去大量参考文献，研究与文化遗产相关的法律文件，如《文化线路宪章》《保护世界文化和自然遗产公约》《保护非物质文化遗产公约》《中华人民共和国文物保护法》等，咨询多方专家，确保遗产评价体系的科学合理性和现实可操作性。目前现有的线性文化遗产评价研究中，大多聚焦于旅游方面，有采用实证研究方法的，也有采用专家打分法结合层次分析法的。应用在长江国家文化公园这样具有国家象征的评价体系，应尽量避免主观，以可量化的数据进行客观评价分析。最后在构建线性文化遗产评价体系时，还应针对物质文化遗产、非物质文化遗产、自然遗产景观三方面不断细化。此外，还应该考虑到长江文化遗产的文化影响力、发展环境、客源市场等，并对其建立一系列评价指标，纳入线性文化遗产评价体系中。线性文化遗产需要发展，它不是适于固化保存的静态遗产，而是有着生命力的活态遗产。文化遗产资源的空间性评价可运用 GIS 空间分析方法对长江文化遗产资源的分布规律和特征进行探究。要基于历史地理学的视角看待长江文化遗产的文化演变规律，绘制长江文化遗产历史地图。

二、综合保护

（一）加强统一协调的完整性保护

1. 加强长江文化遗产保护立法

建议构建线性文化遗产保护普适性空间格局。随着文化遗产保护视野的高速发展，在遵循《中国文物古迹保护准则》《中华人民共和国文物保护法》的基础上，各省市也相应制定了专项保护法规、条例、办法等，但基本从世界文化遗产，历史文化名城、名镇和名村，历史文化保护区，文物保护单位的层面上进行，实际上并没有将线性文化遗产纳入现有的文化遗产保护体系中。尽管一些具有线性文化遗产特质的遗迹被列为重点保护单位，但是仍旧离不开行政区域划分的限制，分割了线性遗产，使得它的整体价值很难有效地体现出来，造成整体文化遗产的碎片化。

2. 构建四个层次的普适性空间格局

对于长江这样具有大型线性特征的文化遗产，应摆脱原本局部保护遗产"点"的思想，转向以连贯、完整的"线"状保护形式，构建起线性文化遗产保护空间格局。在这一格局中，文化遗产是被保护的主体，同时还应纳入自然生态资源和各类社会资源的规划管理，从孤立式的保护转变为团结式的保护。长城和长江一样同样具有遗产要素种类繁多、跨空间跨地域的特征，参考《长城保护条例》《长城保护总体规划》等文件，建议长江文化遗产保护时，也应当建立起以核心保护区、生态修复区、协调引导区、展示服务区四个层次构建线性文化遗产保护的普适性空间格局。

核心保护区的建设要考虑到长江点段的文物本体类型、保存状况、区位条件等因素，以明显的建筑遗存外缘打造保护界限，并向外延伸一定的距离作为与非文化遗产核心保护区的缓冲地带，与城市建设进行衔接。生态修复区的建设对于长江文化遗产依存环境的保护尤为重要，工业、农业和其他产业的建设规划应和长江生态环境保护规划、城市土地利用规划有效结合，有效保护生态修复范围。展示服务区是在以上两个区域建设的基础上，向公众适当开展遗产展示活动的区域。协调引导区是对线性文化遗产的整体保护思路的践行，协调长江文化遗产与周边村落、城市统筹发展，将传统文化业与旅游业、农业等适度结合，在空间上对景观整体合理塑造，使得文化遗产区具有交通可达性和便于理解的表达能力，从而与社会群体建立联系。

线性文化遗产具有丰富的社会、经济和文化功能，它既存在于历史演化中，又存在于现实生活中。相较于传统意义上的博物馆保存，它应该以一种新的形式和内容与现代生活相结合，从远离社会群众生活的高阁中走出来，成为一种"活态保护"。国际古迹遗址理事会在《文化线路宪章》中提出对文化线路的"活态保护"是注重文化遗产与旅游活动的链接，可持续地发展旅游并采取措施规避风险，全面呈现组成线路的文化和文明之间的互动与交流。因此线性文化遗产作为一项可被用于促进社会和经济活动发展的文化资源，在向文化资本转变的过程中，文化旅游是一种有效的保护与利用手段。文化旅游以文化遗产为载体，通过艺术审美、文化体验、休闲观光等方式，不断地发挥其文化和经济价值。在这种情况下，文化遗产的活态保存主要表现在自身与社会经济的联系上，通过文化旅游作为纽带，与现代的文化、经济活动紧密地联系起来，从"历史深处"走向"当代生活"。

（二）持续完善长江生态资源保护

1.构建综合立体的生态可持续发展机制

维护长江生态资源应放在国家文化公园建设的重要位置，坚持"共抓大保护、不搞大开发"的基本原则，全面统筹、区域联动，从区段整体、区域内部联通、上中下游区域间协同等多个层面构建生态可持续发展机制。

区段整体方面，其一，建议区段各城市群应发挥各自的优势，协调政府与市场的关系，构建生态产业化、产业生态化的生态经济体制，不断优化产业结构，加速产业升级转型，以新兴现代科技为内驱力，支持并培育绿色新兴产业。尽管长江自然景观、气候、生物资源十分丰富，但也不应随意挥霍浪费，以"自然为本"的基本思路高效利用，并根据市场需求，走生态产业化的特色道路。其二，建议深入推进长江各省的城市群生态环境治理体制的改革，完善长江沿岸地区的生态环境治理层次，形成一个系统、合理的环境治理体制。该体制的建设应在区段内所有城市群各生态环境主管部门的参与下编制而成，完成对长江区段整体生态环境治理规划，合理、优化调配环境治理资源，并在必要的情况下，协同起草长江区段整体的生态环境治理法律法规。不断提升生态治理一体化水平，促进长江区段城市群在长江生态资源问题上跳出低级竞争均衡陷阱，引导长江区段城市群环境规制互动走向差异化均衡与高水平的竞争均衡。

区域内部联动方面，建议构建跨省域生态环境联防联治机制，加强顶层设计，研究确定生态屏障共建重大事项，协商解决工作中的矛盾与问题。建议成立相应专项工作组，梳理专门领域、重点工作联动存在的具体问题，定期研究解决方案，督促推进落实。强化沿江区域的规划控制，提高环境治理能力，尤其是要加强水污染治理设施的建设，提高水污染治理水平，促进水环境的持续优化。在加强自身污染控制能力的同时，加强跨境污染治理的合作，建立跨区域环境监测与治理的工作机制。建议建立长江区域生态保护建设的利益共同体，加强跨流域、跨地区的生态保护合作，健全横向、纵向衔接，定期会商、高效运作的工作机制。推动长江生态走廊建设、协调水环境监测与综合治理，强化跨区域污染治理，健全水环境污染联防联控机制，强化跨区域长江环境信息共享，协同推进环境信用体系建设。积极推进区域内部沿江地区的绿色生态标准统一，形成统一规划、统一部署、协同实施的生态建设管理机制，推动实施"一张负面清单管流域"，确保在招商引资过程中采用统一的环境准入标准。

2021年，中办、国办印发《关于深化生态保护补偿制度改革的意见》，在上中下游区域间协同方面，建议推进区域间的生态补偿。长江流域必须通过建立生态补偿机制，实现共同保护。要对生态补偿各方的权利和义务进行科学的论证，从财政承受能力、资金来源、实施方式等方面进行分析，促进长江流域间生态补偿的实施。省市之间的生态补偿由国家部委牵头组织实施、由中央财政负担。现在省际不存在横向制度，故应构建与生态环境保护目标相结合的横向奖惩机制，上中下游之间互相监督，达标则补偿，不达标则经济赔偿，除了财政转移支付、补贴和税收优惠等生态补偿方式外，还可以协商通过项目合作、产业转移、人才培训、园区共建等方式加大对上游地区的横向生态补偿，探索多元化补偿方式，为全流域横向生态补偿探路。

2. 补充增加长江国家文化公园文化遗产保护紫线

在以往的城市规划和建设中，规划图纸上一般会画有红色的道路控制线，蓝色的河道控制线和绿色的绿化控制线。长江国家文化公园的文化遗产保护紫线，应是在经过中央政府核定后公布的，是与长江文化有关的历史建筑、历史风貌区等历史文化遗产需要保护和建设控制的地域界限。长江国家文化公园的紫线保护范围，应与各省市的国土空间总体规划相一致，并在长江文化遗产资源梳理、分级、分类后，建立起长江国家文化公园的紫线分类分层管控体系，应遵从"能保尽保，标准从严"的原则，分层落实长江国家文化公园文化遗产保护紫线。

　　针对长江沿线的世界文化遗产、文物保护单位、文保点、历史城区、历史文化街区、历史文化名镇、历史文化明村、传统村落、历史建筑和地下文物埋藏区的分布，清晰地画出长江文化遗产的高度保护区、建设管控区、环境控制区，并附有明确的地理坐标和相应的界址地形图。

　　文化遗产保护紫线的三级分区应根据世界文化遗产保护管理规划等相关政策、条例进行保护。高度保护区内应禁止任何可能损坏文化遗产或已经造成损害事实的项目建设，对已有的设施或活动应当限期整改、拆除、停止或者迁移。建设管控区内应设立管控程度有清晰分别的多级缓冲区，对人类生产经营活动、交通建设活动等规模、排污有所限制，对于人类的建筑设计、空间景观活动以保护文化遗产、与文化遗产风格相协调为核心的原则进行管理。环境控制区作为最外围的保护区域，是文化遗产保护紫线和城市经济生活的协调地带。如此最大限度上避免现代人为活动对于长江文化遗产及其所处环境的消极干扰。

　　对于尚未被列入遗产名录，但是经各类普查发现，专家资源评定结果尚可和经详细规划建议拥有广泛群众推荐基础等的各类长江文化遗产资源，应划分入预备保护区，作为预备保护长江历史文化资源点或者资源片区。

　　长江国家文化公园文化遗产保护紫线应是"动态更新"的，利用现代科学技术，使得该紫线能在各省市的国土空间规划实时信息系统上清晰呈现。各区、各级、各类的长江文化资源数据都能通过该平台入库展示，并结合实际呈现出实时的保护管理情况。对于原本就在紫线规定范围内的保护对象，可根据实际分为"日常维护类"和"重大调整类"，调整完的信息可直接上传信息系统，实现紫线活态守护。而对于预备保护区应有一套认定、评估流程系统，每步工作进展都可清晰呈现。在预备保护区内的对象资源得到名录认定、公布后，及时上传相关数据，做到不遗漏。若名录认定失败，便可直接删除相关信息。

（三）完善综合协调机制

1. 完善长江国家文化公园顶层设计

要解决目前因为城市之间和城市内部的行政区划管理逻辑，造成的分割化的管理格局，在国家层面，需要加强顶层设计，建立有效的、权责清晰的管理体制，构建中央统一的监督管理体系，在大原则、大方向上统一管理，将文化遗产的保护和活化利用成效作为考核评估的指标。在地方层面，需要对长江国家文化公园的管理职责分级细分，按照管控保护区、主题展示区、文旅融合区、传统利用区四大功能分区的分类，划定负责文化遗产和公共服务功能部门的管理范围和管理权限。

针对长江这种跨地区的大型线性文化遗产，需要着重关注创新协同管理机制的搭建，打破原有的部门和地域区划限制，设立专门的、长期的跨地域专项管理委员会，对长江国家文化公园整体和各段的文化遗产管理权、经营权明确划分，避免管辖范围的重叠造成多头管理、低效管理、"空头"管理，保证文化遗产保护的原真性、多样性、连续性。受制于地方财政、编制的影响，是否需要成立专门的主管机构各省呈现出不同的管理进度。比如，贵州省在长征国家文化公园建设中并未成立专门机构，仅确定省人民政府长征国家文化公园主管部门和市州人民政府的主管权限。江苏省则在大运河文化带建设中成立工作领导小组，统一领导大运河文化建设工作。建议尽快组织实体管理机构建立，如设立江苏省大运河国家文化公园管理局，并按照功能分区中"一总多分"格局，设立江苏省大运河国家文化公园分园管理委员会。

建议搭建起定期会议会商平台，链接各省、市的管理主体，为长江国家文化公园的建设提供任务对接、矛盾解决的协商沟通平台。通过区域沟通合作，充分利用长江流域宝贵的各类资源，并以长江国家文化公园为载体，实现跨地区文化信息的交流、融合和优势互补。以长江经济带为核心，构建"共建共享"机制，夯实长江各区域良好合作的基础。

2. 加强跨地域协同管理机制相关立法

跨地域协同管理机制的构建，离不开完善的政策法律体系，因而需要立法确认。在法律保障方面，中央不仅要出台统一的综合协调机制，统筹衔接地方性法规，地方也应积极探索，结合本地情况制定低于地方性法规的地方政府规章等具有法律效力的规范性文件。综合协调管理机制的立法内容、立法逻辑应始终围绕着中央立法，根据我国第一部流域法《中华人民共和国长江保护法》的系统立法创新，推动制定《国家文化公园法》或《长江国家文化公园管理法》等上位法律文件。在中央统领下，跨行政区域与职能部门参与研究法律条文的制定，以便更加清晰地确定协同管理机制的主要责任机关，界定中央文化主管部门和各地域相关部门在跨地域文化遗产管理、长江国家文化公园建设的权责范围。对管理过程中出现的利益冲突、权责冲突、地方规划中的功能冲突、认定冲突，地方不同规定之间的实践冲突等，在新订立的上位法律条文中给予和谐的解决方案，降低长江国家文化公园建设中各地域"精致利己"的竞争意识，促进长江文化遗产的跨区域保护实现合作共赢。在地方制度上，灵活的地方政府政策能有效提高跨地域协同管理机制的实践效果。因此，在下位法律条文制定中，应明确规定长江国家文化公园的建设要求、设施标准、功能区域、文化遗产保护、文化遗产周边环境保护、经费安排、公众参与、法律责任、生效时间等方面具体的协调内容。在地方规章与政策性文件中，应注意处理好长江国家文化公园规划与其他部门规划、其他城市设施规划的交叠问题，应根据职能责任有所侧重、合理分工，做好权责的区分与协调，防止资源重复使用、共享平台重复建设所导致的实际工作操作中出现资源浪费、互相掣肘、协同不便等问题。

3. 为长江国家文化公园建设"量体裁衣"

2022 年 1 月，长江国家文化公园建设正式启动，关于其具体的总体规划和科学发展战略亟须编制出台。此份总体规划应充分响应各项国家战略，按照"多规合一"的原则，形成具有近期可操作性和长期方向指导的具体行动计划。同时要站在整个长江流域的视角，针对长江国家文化公园涉及多项部门权责管理的问题，从区位特征、基础条件、发展状况等方面着手，开展设计交通、城建、环境保护、文化遗产保护等方面的专项规划，努力提高长江国家文化公园的经济、科技、金融、创新发展的功能。在编制规划时，要重视各项规划的可操作性，规划与规划之间的衔接协调性，使其与沿线各省市的"十四五"规划工作、城市功能区规划工作、长江流域生态环境保护工作有机结合起来。在规划编制的过程中，应全程组织多学科专家、学者参与论证研究，提高规划的适用性与科学性。要加快长江国家文化公园项目库建设，充分利用国家、地方政策支持，使更多的建设工程项目能够被选入国家和省市重点项目的建设，获得充足的资金来源。

长江国家文化公园参与建设的 13 个省区市，应在深入研究《长江经济带发展规划纲要》《"十四五"推动长江经济带发展城乡建设行动方案》等政策、文件的基础上，尽快制订出适合本地落实的长江国家文化公园具体规划方案，坚持建设行动具体化、项目化、清单化、责任化的导向，配合制定一系列的投资、融资政策，对脱贫亟待稳定发展的地区提供支持政策和资金，对文化基础设施、文化产业建设提供积极的财税政策等，促进长江国家文化公园能真正发挥出社会效益，将文化精神发扬开来。

（四）广泛社会参与机制

长江国家文化公园应处理好公园管理的政府主导与社会参与的关系，积极引导社会力量参与打造长江国家文化公园，鼓励各类企事业单位、非政府组织、民间团体、志愿者个人等多方主体参与进长江国家文化公园的建设工作。由政府主导，坚持公益优先，统筹各方利益关系，调动社会多方的积极性，构建起线性文化遗产利益相关者的合作平台与参与机制，让广大人民群众拥有更多的机会和渠道参与进长江国家文化公园的规划、建设、管理和评估中，努力形成长江文化遗产保护与管理合力，充分体现国家文化公园的立意，实现真正意义上的"以人民为中心"。建议要完善社区参与机制和志愿服务机制，可与环保组织、基金会、学校等建立合作关系，吸纳多领域具有相关专业知识的志愿者，或短期，或长期地参与进长江国家文化公园的分段保护工作，在培训的基础上开展讲解长江文化教育的宣传工作等，并从政府层面给予道德表彰，调动大众参与的积极性，也能潜移默化地使长江文明在群众心中扎根。另外，线性遗产因其跨越距离较长，覆盖范围庞大，涉及的管理单位和利益团体众多，所以构建各方合作机制不失为一种很好的策略。在世界各国对于大型线性遗产管理时，普遍成立了由各方参与的管理、规划、指导委员会，如美国黑石河峡谷国家遗产廊道委员会等。此外，长江国家文化公园应当积极搭建起信息资源网络平台，共享长江文化、长江生态管理的实时状况，支持社会群众监督园区保护工作的开展，并及时吸纳群众意见和建议，在遇到工作遗漏时能及时弥补。

三、多元化投入——中央引导、地方为主

（一）各地应尽快完成公园建设规划

尽管长江国家文化公园项目的启动时间较晚，但可以从已有相当建设成果的长城、大运河、长征、黄河国家文化公园上总结经验，从原有的长江经济带战略部署、长江生态屏障建设的基础上搭建框架，在"共抓大保护、不搞大开发"的精神指导下，迅疾开展长江国家文化公园的规划工作。

除了等待中央有关部门牵头编制长江国家文化公园规划文件，各省市应当主动编制分省、分市、分区建设规划，加快编制《某省长江文物保护利用专项规划》和《长江国家文化公园建设保护规划》，在规划中融入长江经济带建设等原有规划，实现规划间相互协调。各省市应以长江国家文化公园为载体，系统保护长江文化遗产，建立起长江文化遗产资源大数据库，开展长江国家文化公园重大资源分类与评价。推动一定数量的长江国家文化公园重点项目，划分出核心展示园、集中展示带、特色展示点等，有针对性地投入发展，集中实施一批标志性工程，并确定长江国家文化公园重点建设区域，确定省级重点调度项目、市级重点调度项目。

长江国家文化公园的建设想要取得实际成效，部分地区的先行先试不可或缺。各省应在一些条件更成熟、基础更好、文化内涵更加明确的地方，设置各市的重点建设段，担负起先行先试、示范引领的重任。示范段的建设应当成立地方工作领导小组进行长江国家文化公园工作要点、工作台账、工作内容

安排，由市委、市政府主要领导为组长，相关市领导为副组长，沿途县区为成员。对于出现困难的地方，各责任单位应主动协调对接，定期召开碰头会议研究推进规划的进展，解决存在的问题，破解瓶颈制约，不断细化规划内容，优化完善设计方案，为长江国家文化公园的开工建设做好妥善的各项准备工作。

（二）统筹长江国家文化公园资金来源

1. 设立政府专项投资基金

2021 年 11 月，国务院办公厅公开了《鼓励和支持社会资本参与生态保护修复的意见》，其中列出的三种具体参与方式之一就是 PPP 模式。2022 年 4 月，中央财经委员会第十一次会议上指出：要推动政府和社会资本合作（PPP）模式发展，引导社会资本参与市政设施投资运营。这一投资模式正适用于投资规模较大、需求长期稳定、价格调整机制灵活、市场化程度较高的基础设施及公共服务类项目。

长江国家文化公园建设是一项长期的文化工程，涉及面广，资金需求量大，持续、充足的资金支持是关键。根据原本的《国家非物质文化遗产保护资金管理办法》，采取项目制，由中央政府提供专项资金支持，这种方式能解决初期建设的资金问题，但缺乏持续性和可预期性。当长江国家文化公园建设进入新的发展阶段，维持经济健康发展又将变成一件极具挑战性的事情。

根据财政部 2015 年发布的《政府投资基金暂行管理办法》，各级财政部门一般应在创新创业领域、基础设施与公共服务领域设立投资基金，引导社会资本进入基础设施和公共服务领域。长江国家文化公园既属于支持基础设施和公共服务领域，也属于支持新兴产业发展内容，完全符合设立政府投资基金的要求。因此，可考虑通过设立政府投资专项基金、基础设施不动产投资信托基金等政策性资金，尝试设立长江国家文化公园投融资开发平台，激发市场主体作用，充分发挥政府和社会资本参与的协同作用，为长江国家文化公园提供稳定、健康的资金来源保障，以灵活高效的资金运行机制，确保长江国家文化公园建设可持续发展。新基金的设立上，地方政府出资原则上与金融和社会资本同股同权，以出资额为限承担有限的责任，可以适度向社会资本让利，但不得新增政府债务。后期注资可采取财政预算投入、基金上缴的地方政府财政出资投资收益以及申请国家相关资金和基因等方式持续注入。

2. 建立文化生态补偿机制

由于长江国家文化公园跨越 13 个省份，省份之间经济差异较大，长江中上游地区经济发展相对滞后，仅靠当地财政难以实施文化生态保护工程。并且不可避免的是，长江文化遗产资源保护区或跟城市区域重叠，或占用耕地与农民生产经营活动地域，与城市发展和当地居民生产生活存在矛盾。在这个背景下，考虑借鉴原有的生态补偿机制，探索建立文物和文化资源的生态补偿机制，支持各区域保护长江文脉。

在长江文化生态补偿路径上，应畅通政府、市场、民众三大主体。文化生态补偿的基本路径是政府间的补偿、政府与市场主体之间的补偿、政府对公民的补偿、市场内部主体间的补偿、市场对公民的补偿五条路径。在中央的指导下，成立专门的文化生态补偿资金转移支付平台，统筹协调、统一标准、集中办理、快速流通。地方政府间形成互信沟通机制，或依靠各地的长江国家文化公园专门管理部门，或建立各地的政府文化生态补偿沟通协调部门，用于财政资金沟通和项目协商洽谈工作。对于民众补偿上，应是基于出于文化生态保护导致公民权益受损逻辑的直接补偿。地方政府应建设一批非营利性、非政府性的公益社会组织，用于对接涉及文化生态保护的企业和资方，减少政府和企业在产权不明晰的文化产品领域发生过多接触。

3. 鼓励地方政府设立产业发展基金，发行专项债券

江苏省作为大运河国家文化公园的试点建设省份，在资金方面做出了被国家发改委、文旅部等部委肯定的探索。江苏曾设立全国首只大运河文化旅游发展基金，母子基金认缴规模超 130 亿元，重点支持大运河国家文化公园建设和文旅融合发展。在全国以公开招标的方式，发行首只大运河文化带建设专项债券，发行规模 23.34 亿元，涉及江苏省 11 个大运河沿线的 13 个大运河文化带建设项目，涵盖遗产遗址保护修缮、文化旅游融合发展等领域。在政府信用背书下，引入了大额长期低息社会资本参与建设，江苏大运河国家文化公园如约

完成。到了 2020 年 5 月，江苏省文旅厅发布的《关于用好地方政府专项债券的通知》中指出，应加强当地财政、发展改革等部门沟通协调，争取将文化和旅游行业纳入地方政府专项债券重点支持范围，做好重大项目申报和储备工作。

长江国家文化公园的建设也应列入社会事业领域，成为地方政府专项债券重点支持领域和重要投资方向内容。根据江苏文旅厅印发的《关于进一步用好地方政府专项债券推进文化和旅游领域重大项目建设的通知》，长江国家文化公园的专项债券应按照"资金跟着项目走"的原则，建立"实施一批、申报一批、储备一批、谋划一批"的梯次格局进行发布，对于重点项目予以贴息政策，进一步降低投资成本，提高项目建设进度和成功率。积极拓展利用专项债券推进长江国家文化公园建设，将有助于长江国家文化公园补齐基础设施短板、扩大有效投资。

4. 建立统一的特许经营制度

从国际经验来看，国家公园的建设走出政府全权包揽的小圈，走向多主体、多渠道资金共同参与建设、运营和管理的政府和社会资本双主体合作的新模式，是国家公园保证资金来源的重要方式。这一特许经营制度也可为我国国家文化公园提供相当的价值借鉴。

1998 年，美国国会更新了《特许权管理改进法案》，美国黄石国家公园采取了由国家公园管理局统一管理，各类项目特许经营分类管理的管理模式。在中央政府主导设计的管理制度下，特许经营项目以招标的形式向个人、企业等社会群众开放，以特许经营制度保护融资机制，补充国家公园收入，实现"将社会资本成为国家公园建设管理的合作伙伴，增强地区和公园周边社区的经济基础"的目的。管理权与经营权相分离的特许经营模式，使得美国国家公园数量、规模迅速增长。

再如，澳大利亚在 1998 年发布了《环境保护和生物多样性保护条例》的文件，批准了在资源有偿使用的基本原则下，实施特许经营制度，从社会资本获得满足国家公园经营、管理的费用，使得企业、居民承担起部分国家公园保护责任。

我国也有成功的特许经营管理模式下的国家公园——大熊猫国家公园、三江源国家公园等。在完善的政策设计和系统规划下，给出了特许经营项目清单和产业准入正面清单，根据项目类型与等级，设置不同的授权范围、经营期限、收费管理等，项目的发起和执行也参照政府规定的投资项目流程。

长江国家文化公园范围大，文化遗产资源、自然生态资源种类众多，边界模糊且复杂，本身保护的难度就较大，成本也始终高居不下，更不要说日后的建设发展所需的资金庞大体量。从政府层面进行顶层设计，统一开展特许经营制度，对特许经营项目统一规划、分级，对其数量、类型、活动范围、经营期限等做出明确的规定，对于特许经营活动中使用的长江国家文化公园 IP、在公园内设立广告等行为应有清晰的条文规范。在政府管理部分与特许经营者之间建立合理的利益分配机制，探索社会资本的"文化遗产保护＋资源使用"模式，兼顾经济效益、文化效益和社会效益。

（三）推进长江流域文化遗产的融合发展

长江国家文化公园涵盖了海量的文化遗产数量，在新时代中国特色社会主义文化事业的发展过程中，文化遗产的价值并没有随着时代的更新而消亡，而是不断地得到重视，获得价值上的升华。在长江文化遗产活态利用、重焕新生的导向下，推进文化遗产与其他产业的融合发展，是实现文化遗产可持续发展的重要途径。

一是要把长江文化遗产和旅游业结合起来。"十四五"规划中提出要推动文旅融合发展，坚持以文塑旅、以旅彰文。从文旅视角出发，对长江地区的文化遗产进行整合梳理，能够促进对长江文化遗产的保护与发展。这不是简单地将文化与旅游相加，而是包含了理念、产业、市场、服务四个维度方面的融合，将其作为一个地区的文化品牌进行打造，打破长江地区文化、旅游"各自美丽"、产品单一的发展瓶颈。文旅融合在传统旅游业态的基础上赋予其丰富的文化内涵，充分挖掘长江沿线文物和文化资源，增加长江国家文化公园的亲民性与趣味性，有效实现长江文化精神的对外输出，实现经济、社会和文化效益的三重丰收。在保护好长江文化遗产资源的基础上，发展旅游规划，利用旅游线路串联，推动各地区的长江文化间的交流互鉴，使大众找回长江文化认同感。

二是要推进长江文化遗产和创意设计产业结合。一方面，长江国家文化公园有着丰富的文化遗产，继承保护与产品创意的衔接是其活化利用、走入人民日常生活的重要手段，在"国潮"背景下，创意设计产业在秉持着以人为本的核心原则，设计在满足人们对产品本身功能实际需求的基础上，融入文化遗产元素，实现对产品设计创意的提升，并同时额外给社会群体以精神价值的表达。另一方面，长江文化遗产融入创意设计，并不是简单的复制图样、堆叠元素，而是要灵活运用多种设计理念，注重文化遗产所处的地理环境、历史背景、美学价值、创意特点，利用现代技术渗透入产品中。因此无论是文化遗产的虚拟体验产品，还是实体的文化和创意产品，都应该考虑到公众的审美体验，得到群众的认可，从而引导公众在接触到产品时触发相应的概念体验。使之与长江文化遗产之间的联系更加紧密，增强文化自信。

三是要把长江文化遗产和科技产业结合起来。随着5G、大数据、云计算、人工智能、区块链、云服务等新兴技术的不断发展，对长江文化遗产进行数字化保护是一种必然趋势。数字化保护是指通过数字化技术对文物进行数字化的记录，并进行解构、分析和重组，进而进行深层的应用。数字技术为文化遗产的转化、再现、恢复和完整地保存提供了保证，在文化遗产保护中发挥着关键作用。搭建起"文化遗产＋新科技"的发展是一个必然趋势，数字技术可以帮助文物的保护和保存，也可以通过技术创新来促进中华传统文化的传承。通过对文化遗产基本信息的采集和复原，对基本信息数据进行精细化处理，串联起各地域之间的长江文化遗产关系以复原时间、空间联系，建立起多维的长江文化遗产基因信息库。这样突破原始的文化遗产保护与展示方法，相当于在云端建立起一座具有长期价值的长江文化数字藏馆，更适应长期管理、开放共享、支持多产业融合的文化目标，产生远比数字展示陈列功能更多的附加价值。

四、融合利用

（一）充分整合文化资源

国际古迹遗址理事会（ICOMOS）将"文化遗产"定义为"由社区发展并代代相传的生活方式的表达，包括习俗、地方、物品、艺术表现形式和价值，通常表现为非物质或物质文化遗产"。它表示一个地方、一个物体或一个习俗可能对当代和后代具有的审美、历史、社会、精神或其他特殊特征和价值。因此，"文化遗产"是通过机构间和多部门合作实现经济、社会和文化可持续发展的资源。它的传播和推广将展示文化遗产的真正社会文化和经济价值。近几十年来，"文化遗产"一词的内容发生了很大变化，并不仅限于纪念碑和物品收藏。它还融合了从祖先那里继承下来并传给后代的传统或活生生的表达方式，主要包括口头传统、表演艺术、社会习俗、仪式、节日活动、有关自然和宇宙的知识和实践或制作传统工艺的知识和技能。从历史的角度看，"文化遗产"构成了人们对活生生的文化的记忆，但其概念却急剧扩大，并融合了有形和无形的文化特征[①]。

长江文化资源分散在长江沿线各省市，各地文化建设各有规划侧重，无法实现优势互补，文化资源建设力量分散，导致相应而生的文化产品影响力范围小，被社会群众接纳度低，利用效率不高，因此从长江国家文化公园发挥出长江精神、提高长江文化生产力、打造"国家文化象征"的战略角度看，将长江文化资源进行整合迫在眉睫。对长江文化资源进行整合的目标就是要激活长江文化资源的内在潜力，实现当代社会对长江文化资源的有效传承，从单一的、只能发挥观赏作用的文化遗产资源，向现代文化生产力转变，助推长江国家文化公园建设。

在整合长江文化资源过程中，应首先认识到人的重要性。人创造了文化，并由人世世代代传承和发展文化。在文化遗产整合中，人是具有主导地位的。

---

① Khan, Nadim Akhtar, et al. "Digitization of Cultural Heritage：Global Initiatives, Opportunities and Challenges." JCIT 2018，4（20）：1-16.

贯彻落实群众路线，发动民众参与，是全面、有效地整合长江各方面文化资源的大前提。社会主体要不断学习长江文化遗产的保护理念，对长江文化遗产的多方面价值有正确的认知，才能在生活中身体力行地践行文化资源的保护、整合工作。由于文化遗产是人民群众在社会生活中的产物，无论是物质文化还是非物质文化都因人的生产活动而充满生机。如古民宅、古村落，因世代的传承使用、有人长期生活的气息而具有了历史和文化的内涵；再如节庆、舞蹈，相比较在大银幕上播放纪录视频，人们切身的传承参与，才能延续其发展的寿命，具有文化本身的鲜活性与灵动性。因此在整合长江文化资源时，需要充分调动人的主动性，尤其是文化遗产传承人的积极性，将人与文化资源视为互相不可分割的一体，尊重并了解文化生存环境和发展理念的根本，才能在整合过程中不丢失文化遗产本身的生命力。在长江的生态环境中，人建造起特色各异的建筑和村落，又在这样的物质空间里，繁衍出各种民俗文化活动，形成风格各异的文化空间。长江文化资源与长江的生态环境、沿线的民族文化、村落民俗、科研场所、节庆活动、表演艺术等资源互相融合具有可能性与必要性。长江像一根丝线将人创造的一个个空间串联起来，相互叠加、相互联系，实现对长江文化遗产资源的有机整合。

其次，对长江文化资源的整合不仅仅是空间维度上的管理，还要进行时间维度上的整理。从空间角度看，必须重视自然环境、社会环境与文化遗产的相互关系，而不能把文化遗产与其所处的环境隔离开来加以保护。尤其是，如果文化遗产失去了它所孕育的文化土壤，对它的保护就会变成无源之水、无根之木。对碎片化的文化现象进行隔离保护，会对其自身造成损害，从而丧失保护的价值。特别是非物质文化遗产，它是在历史发展过程中形成的，它在社会发展过程中也不可避免地被重新塑造，这就是它所具有的鲜活的生命力。因此，在保护过程中，要注意保护对象的形成、流变、发展与创新，也就是要注重保护的时间维度。在这个方面，就要积极采用新兴科技成果，将文化资源数字化，利用科技手段将濒临消失或面临严重破坏的文化遗产进行修复，呈现出在时间上从创造到繁荣，从繁荣到衰微，从衰微到再现，从再现到创新的历史过程，精细化整理打磨，将长江文化遗产资源的魅力锤炼出来，提升长江文化遗产资源的软实力。

（二）活化利用文化遗产

"活化"在《辞海》中的解释是使"分子或原子的能量增强"，引入文化遗产保护领域后，则更强调通过利用各种手段，使文化遗产具有活力，从原本静止的、失活的状态，转变成动态的、活力的状态，在保证其原真性的前提下，通过遗产开发（如转化成旅游产品等）使其具有新的用途，用以展示遗产所蕴含的传统文化特色。长江文化遗产的活化利用，本质是促进长江文化遗产的当代转型与创新发展，使长江文化更好地融入当代生活、焕发新的生命力。因此，"活化"与保护的理念并不相违背，它是在尊重文化遗产的前提下，采取创新的方式方法使其所蕴含的价值与文化特色发挥出来，从而提升文化遗产服务社会的功能。

1. 加快规划与政策法律体系建设

政府要加快制定长江文化遗产活化利用的总体规划和政策法律体系。在政策制定时，应考虑好整体与局部的利益关系，长期与短期的利益关系，活化利用的开发离不开正确理念的指导，避免资本介入时对长江文化遗产的过度侵蚀、过度开发，导致对长江生态系统、传统文化村落民居、社会公共资源造成破坏。在财税政策、科技政策、产业政策、市场政策方面应对长江国家文化公园的建设相关内容有所帮助，推动想法落地，保护成果。在投融资体系建设上，应充分发挥政府财政的引导作用，拓宽吸纳建设资金的来源和投入渠道，协同社会资本使长江国家文化公园的资金体系更加稳定、灵活、顺畅。

2. 培养人才，创新驱动

长江文化遗产的活态利用离不开人才驱动。大力推进长江文化活态利用的智库机构发展，成立中国长江智库联盟，以各省市的高校和科研院所为阵地，吸纳多地区、多学科的专业人才力量，广泛调动资源，联合开展学术研究与创新活动。集中力量对长江历史文化资源梳理、遗产价值评估、精神内涵挖掘与当代价值阐释，为文艺创作、文创产品设计、文旅项目开发等输送知识和创意。在人才培养过程中，不应局限于高校开展专业理论课程，而要落点于实践创新，通过和企事业单位的合作，举办创新系列竞赛，给予人才更多规划、设计、经营、管理等方面的锻炼，以健全的人才评价机制激发人才创新创造的潜力。在与品牌企业的合作培养人才中，应从策划公益活动、设计旅游项目、传播长江好声音、传承长江非遗等研究方向入手，从企业的商业角度集中培训人才、领队实地调研、教学数字科技、设计完成课题，使项目结果紧扣长江文化，最终落地变现为商品。

3. 结合资源本身特点，针对性制定策略

由于长江国家文化公园的遗产资源覆盖范围广，类型不同，需要结合资源本身的特点、所处的环境和保护状况有针对性地制定策略。对于文化遗产资源本身保存状况完好，至今仍发挥着突出价值作用的资源，应采取继承式"活化"策略，将其承载的历史文化信息原原本本、不加修饰地记录、传承下来。对于长江文化遗产资源价值突出，但是已然出现受损状况的情形，应采用修复式"活化"策略，多样化的技术手段，使文化遗产资源恢复其原本面貌，并维持文化遗产在被创造的时代所处的环境状态，无须另建馆藏，以天然的、无现代人工干扰的呈现形式，展现历史厚重感。对于长江文化遗产价值突出，但是毁损严重乃至完全消失状况的情形，应采用还原式"活化"策略，通过 3D 立体、4D 影视等数字技术，不仅能达成对文化遗产资源的历史情形和历史事件的再现，同时也能从旅游演艺的角度，受众获得新颖的文化体验。对于长江文化遗产资源价值不太突出，但保存情况相对较好的情形，应采用顺应式"活化"策略，在其原有的现存基础上，融入现代生活方式，使之具有现代的社会功能，在保留原始历史记忆的同时，顺应了历史发展脉络，和新时代精神接轨。对于长江文化遗产资源价值不太突出，并且保存情况也相对较差情形，应采用新生式"活化"策略，借助现代创意技术，通过开发文创产品、建设多类型的文化主题公园、打造文化主题旅游区等，提升长江文化遗产的当代价值。

后　记

　　《长江国家文化公园：保护、管理与利用》为邹统钎教授担任首席专家的国家社会科学基金艺术学重大项目《国家文化公园政策的国际比较研究》（20ZD02）的研究成果之一，也是《国家文化公园管理文库》之一。本书的写作分工：全书由邹统钎统一组织编写，并拟定大纲，常东芳负责全书统稿与文字编辑；第一章常东芳、程浩琦；第二章翟梦娇；第三章常东芳；第四章胡晓荣；第五章焦万鹏；第六章、第七章席小童。

　　本书为北京第二外国语学院中国文化和旅游产业研究院集体合作的结晶，也是北京第二外国语学院与丝绸之路国际旅游与文化遗产大学联合创建的中国—乌兹别克斯坦文化和旅游研究中心（Sino-Uzbekstan Institute of Culture and Tourism）的合作研究成果。旨在为长江国家文化公园建设提供发展经验借鉴与对策建议。本书研究得到了旅游管理北京市高精尖学科建设经费的支持。

邹统钎

2022 年 7 月 23 日星期日于北京

项目统筹：刘志龙
责任编辑：刘志龙
责任印制：闫立中
封面设计：中文天地

图书在版编目（CIP）数据

长江国家文化公园 ：保护、管理与利用 / 邹统钎主
编. -- 北京 ： 中国旅游出版社，2023.1
（国家文化公园管理文库）
ISBN 978-7-5032-7083-3

Ⅰ．①长… Ⅱ．①邹… Ⅲ．①长江－国家公园－建设
－研究 Ⅳ．①S759.992

中国版本图书馆CIP数据核字 (2022) 第241989号

书　　　名：长江国家文化公园：保护、管理与利用

作　　　者：邹统钎　主编
出 版 发 行：中国旅游出版社
　　　　　　（北京静安东里 6 号　邮编：100028）
　　　　　　http://www.cttp.net.cn　E-mail:cttp@mct.gov.cn
　　　　　　营销中心电话：010-57377108，010-57377109
　　　　　　读者服务部电话：010-57377151
排　　　版：北京旅教文化传播有限公司
经　　　销：全国各地新华书店
印　　　刷：北京明恒达印务有限公司
版　　　次：2023 年 1 月第 1 版　2023 年 1 月第 1 次印刷
开　　　本：710 毫米 ×1000 毫米　1/16
印　　　张：8.25
字　　　数：126 千
定　　　价：39.00 元
Ｉ Ｓ Ｂ Ｎ　978-7-5032-7083-3